甘肃省中小河流域
暴雨洪涝灾害风险区划图集

主　编：马鹏里
副主编：方　锋　王有恒　刘卫平

气象出版社
China Meteorological Press

内 容 提 要

本图集是在甘肃省地理信息资料与多年气象观测资料基础上经过科学计算整编而成,它以图集的形式直观的展示了甘肃省中小河流域暴雨洪涝灾害风险区划的空间分布规律,通过不同流域对已发生的灾害进行模拟,探索其诱发条件和影响对象。其内容包括面雨量分布图、风险区划图、人口影响风险图、GDP影响风险图共计 500 余幅。读者可以从本图集系统地了解甘肃省暴雨洪涝灾害的潜在影响。

为了方便读者使用,本图集还提供了甘肃省行政区划图、甘肃省流域界线图、甘肃省年平均气温空间分布图、甘肃省年平均降水量空间分布图、甘肃省年降水日数空间分布图、甘肃省暴雨日数空间分布图、甘肃省暴雨日数历年变化图、甘肃省暴雨灾害风险区划图,供读者阅读时参考。

本图集是一本关于暴雨洪涝灾害风险区划与影响的工具参考书,它将甘肃省暴雨洪涝灾害风险区划的空间分布特征与规律直观的展示出来,为气象、农(牧)业、林业、交通、水利、环保、旅游、建筑、工程设计和各级防灾减灾指挥部门在进行科研、管理与决策时提供基本的科学依据,也可供其他与气候关系密切的部门参考使用。

图书在版编目(CIP)数据

甘肃省中小河流域暴雨洪涝灾害风险区划图集 / 马鹏里主编. — 北京 : 气象出版社,2019.6
ISBN 978-7-5029-6903-5

Ⅰ.①甘… Ⅱ.①马… Ⅲ.①水灾-灾害防治-区划-甘肃-图集 Ⅳ.①P426.616-64

中国版本图书馆 CIP 数据核字(2019)第 000214 号

出版发行:气象出版社	
地 址:北京市海淀区中关村南大街 46 号	**邮政编码**:100081
电 话:010-68407112(总编室) 010-68408042(发行部)	
网 址:http://www.qxcbs.com	**E-mail**:qxcbs@cma.gov.cn
责任编辑:陈 红	**终 审**:吴晓鹏
责任校对:王丽梅	**责任技编**:赵相宁
封面设计:博雅思企划	
印 刷:北京建宏印刷有限公司	
开 本:787 mm×1092 mm 1/16	**印 张**:13
字 数:330 千字	
版 次:2019 年 6 月第 1 版	**印 次**:2019 年 6 月第 1 次印刷
定 价:90.00 元	

编 委 会

前　言

  甘肃省是我国大陆的地理中心,位于青藏高原、黄土高原和内蒙古高原的交汇地带,横跨黄河、长江和内陆河三大流域,是唯一受西风带、东亚季风和高原气候影响的省份。甘肃是我国自然地理环境最复杂的省份,境内山地、高原、平川、河谷、沙漠、戈壁等交错分布,独特的地理位置和地形地貌造就了复杂多样的气候类型,是典型的气候变化敏感区和生态环境脆弱区。

  气候作为人类生产生存和发展进步的重要自然条件之一,近百年来发生了显著变化,受气候变化和环境脆弱的双重影响,甘肃省气象灾害损失呈现加重趋势。中小河流域和山洪沟因强降水引起突发性的地表径流灾害,具有来势猛、成灾快、破坏性强等特点,容易造成人员伤亡及财产损失,严重制约本地社会经济发展。因此,加强对暴雨洪涝气象灾害的风险管理,对社会经济建设和人民生命财产安全有着重要意义。2012年中国气象局在全国启动了暴雨诱发的中小河流洪水和山洪地质灾害气象风险预警服务业务,作为这项业务的科技支撑,暴雨洪涝灾害风险评估技术尤为重要。为了帮助基层防灾减灾部门全面了解和掌握甘肃省中小河流域暴雨洪涝灾害的空间分布特点,兰州区域气候中心精心编制了《甘肃省中小河流域暴雨洪涝灾害风险区划图集》。

  本图集利用甘肃省80个自动气象站和1000多个区域气象站的多年观测资料、水文地理信息及社会经济和历史灾情数据进行了科学计算、反演和模拟,绘制了甘肃省中小河流域不同重现期暴雨洪涝灾害风险区划与影响评估图。图集以流域地图的形式,直观的展示了甘肃省中小河流域暴雨洪涝灾害风险区划的空间分布规律,从中可了解到甘肃省中小河流域概况、各流域暴雨洪涝风险区划等级及风险评估对人口、GDP的影响。内容实用性强,为气象灾害预警工作提供了数据参考,也为农(牧)业、林业、交通、水利、环保、旅游、建筑和各级防灾减灾部门在进行管理和决策时提供科学信息,值得有关部门领导、专家与相关业务人员阅读和参考。

  本图集由兰州区域气候中心编制完成,在编制过程中得到了甘肃省水文局胡兴林研究员、甘肃省气象局白虎志研究员、王学良高工、刘新伟高工等专家的大力支持和悉心指导,还得到了宁夏云图勘测规划有限公司陈江、马金鹏、齐迹、赵文婷的帮助,在此一并表示诚挚的感谢。由于编制者水平有限,错误和欠缺在所难免,敬请广大读者不吝指正。

编者
2019 年 6 月 6 日

编制说明

《甘肃省中小河流域暴雨洪涝灾害风险区划图集》包括基础图谱、面雨量分布图、风险区划图、风险评估图四部分。其中基础图谱(甘肃省行政区划图、甘肃省中小河流域分布图、甘肃省年平均气温空间分布图、甘肃省年平均降水量分布图、甘肃省年平均降水日数分布图、甘肃省年降水强度空间分布图、甘肃省四季降水强度空间分布图、甘肃省暴雨日数空间分布图、甘肃省暴雨灾害风险区划图)9 幅,面雨量分布图(10 年、30 年、50 年、100 年)204 幅,风险区划图(10 年、30 年、50 年、100 年)204 幅,风险评估图(30 年、50 年)164 幅。

本图集县级以上行政区划界线参考《中华人民共和国行政区划图集》和《甘肃省地图集》。

1 资料来源

根据风险区划研究需要,收集全省气象、水文、地理信息、社会经济以及历史灾情数据,通过栅格处理形成系统资料。具体资料包括:

气象水文资料:

(1)本图集采用了甘肃省自动气象站、基本气象站、基准气象站的基本信息,包括站名、站号、地理坐标等;

(2)本图集采用了甘肃省常规气象台站和区域自动气象站的逐日和逐小时降水要素历史序列资料;

(3)部分流域洪水过程的降雨资料。

地理资料:

(1)甘肃省行政区划图,比例尺为 1∶100000,主要包括市县行政区划边界图;

(2)全省各个气象水文监测站点地理经纬度坐标资料,并进行了空间处理。

2 资料处理

2.1 FloodArea 模型介绍

该模型是德国 Geomer 公司基于 GIS 栅格数据开发的内嵌于 ArcGIS 平台扩展模块,广泛用于洪水演进模拟,计算洪水淹没深度和范围,以模块形式与 ArcGIS 无缝集成。FloodArea 模型采用 ArcGRID 数据格式,采用数字高程模型进行水文-水动力数学建模,淹没过程的水动力由二维非恒定流水动力模拟完成,计算基于水动力方法,同时考虑了一个栅格的周围八个单元,相邻单元的水流宽度被认为是相等的,位于对角线的单元,以不同的长度算法来计算,水流方向由栅格间坡度决定,坡度由单元之间的最低的水位和最高的地形高程之间的差异所决定(图 1)。

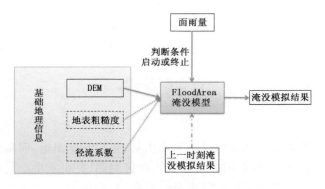

图 1　FloodArea 模型介绍

FloodArea 淹没模拟的必要参数:
(1)数值高程模型(DEM),为 ArcGIS Grid 格式;
(2)面雨量分布,为 ArcGIS Grid 格式;
(3)小时雨量数据,为文本格式;
(4)模拟时长和间隔。
FloodArea 淹没模拟的可选参数:
(1)地表粗糙度;
(2)阻水物;
(3)阻水物失防点。

2.2　数据准备

根据 FloodArea 淹没模拟参数需求,收集基础数据有:
(1)气象资料:气象站 1961—2017 年逐日降水数据;
(2)社会经济资料:国家下发的 2010 年国民生产总值(GDP)、人口及土地利用栅格数据,空间分辨率为 1 km×1 km;
(3)基础地理信息资料:收集空间分辨率为 30 m×30 m 的数字高程数据。

2.3　高程数据处理

将分幅 DEM 数据进行修饰、纠正、拼接,生成能够覆盖全省的 DEM 基础数据。在 Arc-GIS 中数据管理工具(Date Management Tools)将分幅 DEM 数据进行融合(mosaic)。并且利用 ArcGIS 中栅格投影转换工具,将 DEM 数据投影类型转换为 Albers 投影,详细参数信息为:WGS84 椭球体,105°中央经线,25°和 47°双标准纬线,栅格大小更改为 30 m×30 m。将 DEM 数据处理好,即可利用栅格裁剪工具(clip)提取流域、山洪沟范围内的 DEM 数据。

2.4　重现期降水数据反演

极端事件的重现期是指在一定年代的资料统计期间内,等于或大于某量级的极端事件出现一次的平均间隔时间,为该极端事件发生频率的倒数。这一问题的理论实质,就是极值概率分布的右侧(或左侧)概率问题。

气象监测站点数据重现期的提取是利用多概率分布函数拟合工具软件(MuDFiT),该软件是一个统计分析软件,可给出数据序列的均值、方差、分位数等多种统计量值;并利用目前常用的 47 种不同概率密度分布函数对数据序列进行拟合,并利用三种拟合优度检验来对 47 种函数进行检验,对函数拟合结果排序,判断拟合的最优函数;计算得到极端事件的重现期。

(1)MuDFiT 软件运行:

1)数据预处理

需将数据处理为特定格式:每个数据序列为一单独 txt 文档,第一行为包含数据总数。数据间分隔符为空格、制表符或换行符。

2)生成方法

在根目录下建立文件 cdName.txt,存放要循环计算的文件夹路径。

a. cdName.txt 的格式为:第一行为要循环的文件夹数,其下为文件夹路径;

b. 选择不同参数估计方法,包括最大似然法和线性矩法;

c. 选择需要输出的结果,包括统计量、函数参数、重现期及拟合优度验证,输出结果存放于数据目录下的 results 文件夹;

d. 选择需要输出的图,输出结果存放于数据目录下的 PIC 文件夹;

e. 选择完成参数后,开始运行。

MuDFiT 软件运行结果的重现期(CDF),每个文件输出所选函数以 0.001 为间隔的 Inverse CDF(累计分布函数)值。由于输出的是 Inverse CDF,故需转换一下,即若求 $T=5$ 年的重现期,则对应 $1-1/T=0.8$,依次类推得到 5 年、10 年、15 年、20 年、30 年、50 年和 100 年对应的 CDF 值,$CDF_5=0.8$、$CDF_{10}=0.9$、$CDF_{15}=0.93$、$CDF_{20}=0.95$、$CDF_{30}=0.967$、$CDF_{50}=0.98$、$CDF_{100}=0.99$。

(2)对应重现期降水数据确定

MuDFiT 软件输出结果包括 47 种函数,需要从中选项最优概率分布函数作为重现期降水数据。通过结合历史资料与上期数据对比,筛选各重现期的降水数据,汇总成表格。

(3)展点

根据筛选出的站点 7 个重现期数据,利用站点经纬度坐标,在 ArcGIS 内进行展点,生成站点重现期数据。

2.5 面雨量数据生成

目前,我们只有点状的降水数据,如何得到面状的降水数据,这就需要通过插值分析,可以根据有限的样本数据点预测栅格中的像元值。它可以预测任何地理点数据(如高程、降雨、化学物质浓度和噪声等级)的未知值。

插值为降雨面的过程,左侧插图中的输入是由已知降雨量值组成的点数据集。右侧的插图显示的是通过这些点插值成的栅格。对未知值的预测可通过代入已知点附近各值的数学公式实现(图 2)。

在 ArcGIS 内,提供多种插值分析工具,在本项目中选取的是自然邻域插值分析法。自然邻域法是通过一组具有 z 值的分散点生成估计表面的高级的统计过程。与插值工具集中的其

3

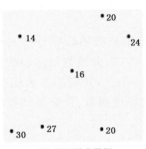 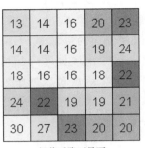

输入降雨量点数据   插值后降雨量面

图 2　插值分析原理

他插值方法不同,选择用于生成输出表面的最佳估算方法之前,有效使用自然邻域法工具涉及 z 值表示的现象的空间行为的交互研究。

在 ArcGIS 内,用空间分析工具(Spatial Analyst Tools)中的插值分析(Interpolation)自然邻域法(Natural Neighbor)工具分别为各流域和山洪沟按栅格大小为 30 m×30 m,插值生成 5 年、10 年、15 年、20 年、30 年、50 年和 100 年重现期的面雨量。

将插值分析结果的最值区间换算到 $[0,1]$,在 ArcGIS 内利用栅格计算器(Raster Calculator),公式为 $a = raster/Max_{raster}$。

2.6　小时降水序列数据生成

根据甘肃省特征山洪灾害降水序列得到的 12 小时降水概率分布函数;再从提取出的各流域及山洪沟站点重现期数据中选择最大累计降水量,让其依次乘以 12 小时降水概率,得到该流域或山洪沟的 12 小时降水序列。

3　方法说明

3.1　流域划分

流域,指由分水线所包围的河流集水区。分地面集水区和地下集水区两类。如果地面集水区和地下集水区相重合,称为闭合流域;如果不重合,则称为非闭合流域。平时所称的流域,一般都指地面集水区。

每条河流都有自己的流域,一个大流域可以按照水系等级分成数个小流域,小流域又可以分成更小的流域等。另外,也可以截取河道的一段,单独划分为一个流域。流域之间的分水地带称为分水岭,分水岭上最高点的连线为分水线,即集水区的边界线。处于分水岭最高处的大气降水,以分水线为界分别流向相邻的河系或水系。

3.2　计算方法

步骤一:提取流域边界

采用 GIS 中水文分析方法提取流域边界。

ArcGIS 提供的水文分析模块主要用来建立地表水的运动模型,辅助分析地表水流从哪里产生以及要流向何处,再现水流的流动过程。同时,通过水文分析工具的应用,也可以有助于了解排水系统和地表水流过程的一些基本的概念和关键的过程,以及怎样通过 ArcGIS 水文分析工具从 DEM 数据上获取更多的水文信息(图 3)。

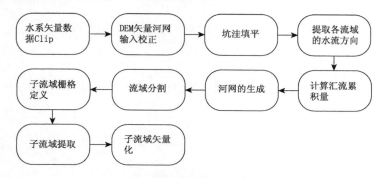

图 3　流域边界提取流程

(1) Flow Direction:水流方向提取,ArcGIS 中采用 D8 单流向法来进行水流方向分析。

(2) Sink:洼地计算。洼地区域是水流方向不合理的地方,可以通过水流方向来判断哪些地方是洼地,然后再对洼地进行填充。有一点必须清楚的是,并不是所有的洼地区域都是由于数据的误差造成的,有很多洼地区域也是地表形态的真实反映,因此,在进行洼地填充之前,必须计算洼地深度,判断哪些地区是由于数据误差造成的洼地而哪些地区又是真实的地表形态,然后在进行洼地填充的过程中,设置合理的填充阈值。

(3) Fill:洼地填充。

(4) Flow Accumulation:汇流分析。在地表径流模拟过程中,汇流累积量是基于水流方向数据计算而来的。对每一个栅格来说,其汇流累积量的大小代表着其上游有多少个栅格的水流方向最终汇流经过该栅格,汇流累积的数值越大,该区域越易形成地表径流。

(5) Flow Length:水流长度。水流长度通常是指在地面上一点沿水流方向到其流向起点(终点)间的最大地面距离在水平面上的投影长度。

(6) Map Algebra:利用地图代数来进行河网提取。

目前常用的河网提取方法是采用地表径流漫流模型计算:首先是在无洼地 DEM 上利用最大坡降的方法得到每一个栅格的水流方向;然后利用水流方向栅格数据计算出每一个栅格在水流方向上累积的栅格数,即汇流累积量,所得到的汇流累积量则代表在一个栅格位置上有多少个栅格的水流方向流经该栅格;假设每一个栅格处携带一份水流,那么栅格的汇流累积量则代表着该栅格的水流量。基于上述思想,当汇流量达到一定值的时候,就会产生地表水流,那么所有那些汇流量大于那个临界数值的栅格就是潜在的水流路径,由这些水流路径构成的网络,就是河网。

(7) Stream Order:河网分级。

(8) Basin:流域分割工具。

(9) Watershed:流域分割工具。

步骤二:流域 DEM 数据提取

利用 ArcGIS 中栅格投影转换工具将栅格转换(Project Raster)成要求的格式,再利用栅格裁剪(Clip)工具根据水系分布情况截取经过投影变换的 DEM 数据(DEM 栅格大小为 30 m ×30 m)(图 4)。

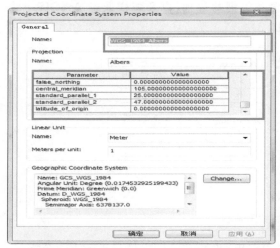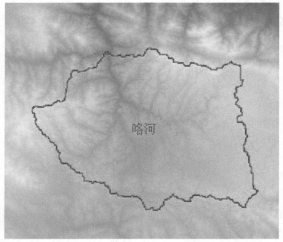

图 4　流域 DEM 数据提取

步骤三:降雨量权重值的确定

(1)气象站点数据矢量化

以区域站数据表格文件为例(Excel 文件必须包含经纬度数据,统一为度格式),将拿到的 XY 坐标数据通过公式:

Z=LEFT(A2,3)+MID(A2,5,2)/60+MID(A2,8,2)/3600 换算为经纬度,然后统一为度格式。

在 ArcGIS 中矢量化气象站数据,并赋相同的投影。

(2)国家自动气象站数据反演

兰州区域气候中心提供的区域自动站数据为 2008 年 6 月至 2016 年 8 月,所需的日降水量数据较少。国家自动气象站长历时的降水数据通过泰森多边形算法给区域自动站反演长历时数据。

(3)降雨量权重值的确定

对第一步生成的降雨量数据进行标准化处理,这样就得到流域内的降雨量权重数据。

(4)区域面降雨量栅格数据生成

极端事件的重现期是指在一定年代的资料统计期间内,等于或大于某量级的极端事件出现一次的平均间隔时间,为该极端事件发生频率的倒数。这一问题的理论实质,就是极值概率分布的右侧(或左侧)概率问题。

气象监测站点数据重现期的提取是利用多概率分布函数拟合工具软件(MuDFiT)。该软件是一个统计分析软件,可给出数据序列的均值、方差、分位数等多种统计量值;利用目前常用的 47 种不同概率密度分布函数对数据序列进行拟合,并利用三种拟合优度检验来对 47 种函数进行检验,对函数拟合结果排序,判断拟合的最优函数;计算得到极端事件的重现期。

(5)对应重现期降水数据确定

MuDFiT 软件输出结果包括 47 种函数的,需要从中选项最优概率分布函数作为重现期降水数据。通过结合历史资料与上期数据对比,筛选各重现期的降水数据,汇总成表格。

（6）展点

根据筛选出的站点 7 个重现期数据，利用站点经纬度坐标，在 ArcGIS 内进行展点，生成站点重现期数据。

通过前期处理的基础资料中的气象站点不同重现期（5 年、10 年、15 年、20 年、30 年、50 年和 100 年一遇）降雨数据，在 ArcGIS 内通过自然邻域法插值处理，生成覆盖全流域的不同重现期（5 年、10 年、15 年、20 年、30 年、50 年和 100 年一遇）的栅格面降雨量数据。

如何利用仅有的点状降水数据得到面状降水数据，这就需要通过插值分析，可以根据有限的样本数据点预测栅格中的像元值。它可以预测任何地理点数据（如高程、降雨、化学物质浓度和噪声等级）的未知值。

插值为降雨面的过程，Input 栏（图 5）中的输入是由已知降雨量值组成的点数据集。Output 栏（图 5）显示的是通过这些点插值成的栅格。对未知值的预测可通过代入已知点附近各值的数学公式实现。

在 ArcGIS 内，提供多种插值分析工具，在本项目中选取的是自然邻域插值分析法。自然邻域法是通过一组具有 z 值的分散点生成估计表面的高级的统计过程。与插值工具集中的其他插值方法不同，选择用于生成输出表面的最佳估算方法之前，有效使用自然邻域法工具涉及 z 值表示的现象的空间行为的交互研究。

在 ArcGIS 内，用空间分析工具（Spatial Analyst Tools）中的插值分析（Interpolation）自然邻域法（Natural Neighbor）工具分别为各流域和山洪沟按栅格大小为 30 m×30 m，插值生成 5 年、10 年、15 年、20 年、30 年、50 年和 100 年重现期的面雨量。

将插值分析结果的最值区间换算到[0,1]，在 ArcGIS 内利用栅格计算器（Raster Calculator），公式为 $a = raster/Max_{raster}$。

插值分析后得到不同重现期（5 年、10 年、15 年、20 年、30 年、50 年和 100 年一遇）的面雨量数据（图 5）。

图 5　面雨量差值分析

步骤四：确定致灾面雨量序列

根据典型雨情和灾情资料，计算逐小时降水概率，确定流域内小时降水雨型分布。

采用多概率分布函数拟合工具(MuDFiT),利用常用的 47 种不同概率密度分布函数对数据序列进行拟合,通过最大似然法或线性矩法估计函数的参数,然后利用三种拟合优度检验对 47 种函数进行检验,函数拟合结果排序,判断拟合的最优函数,计算得到极端事件的重现期(5 年、10 年、15 年、20 年、30 年、50 年和 100 年一遇)。

MuDFiT 软件运行结果的重现期(CDF),每个文件输出所选函数以 0.001 为间隔的 Inverse CDF(累计分布函数)值。由于输出的是 Inverse CDF,故需转换一下,即若求 T=5 年的重现期,则对应 1-1/T=0.8,依次类推得到 5 年、10 年、15 年、20 年、30 年、50 年和 100 年对应的 CDF 值,$CDF_5=0.8$、$CDF_{10}=0.9$、$CDF_{15}=0.93$、$CDF_{20}=0.95$、$CDF_{30}=0.967$、$CDF_{50}=0.98$ 和 $CDF_{100}=0.99$。

根据各流域范围内包含的站点,来确定各站点不同重现期的降雨量。

根据中小河流域的典型雨情,计算分析得到各小时的降水概率,确定中小河流域的小时降水雨型分布,再根据各站点不同重现期的降雨量,在此基础上得到不同重现期的小时降水序列。

降水概率=小时典型雨量÷降水总量;

降水序列=最大降水量×降水概率。

步骤五:FloodArea 淹没模型试验

将计算得到的不同重现期致灾面雨量、小时雨型分布、堤坝和 DEM、manning 系数等参数和数据输入 FloodArea 模型进行淹没模拟,具体的模拟演进以栅格为单位得到不同重现期洪水淹没图。

利用 ArcGIS 系统把山洪淹没栅格数据和承灾体数据叠加后进行分析计算,得到山洪影响的村落民居等承灾体信息,实现不同山洪风险等级的风险评估,基于山洪灾害不同风险等级致灾临界雨量和风险评估成果实现山洪灾害风险预警的目的。

"FloodArea"计算原理:

"FloodArea"为德国 Geomer 公司开发的洪水淹没模型。该模型内嵌于 ArcGIS 平台,计算基于水动力方法,同时考虑了 1 个栅格的周围 8 个单元(图 6)。对临近栅格单元的泄入量使用 mannning-stricker 公式计算:

$$V=k_{st} \cdot r_{ny}^{2/3} \cdot I^{1/2}$$

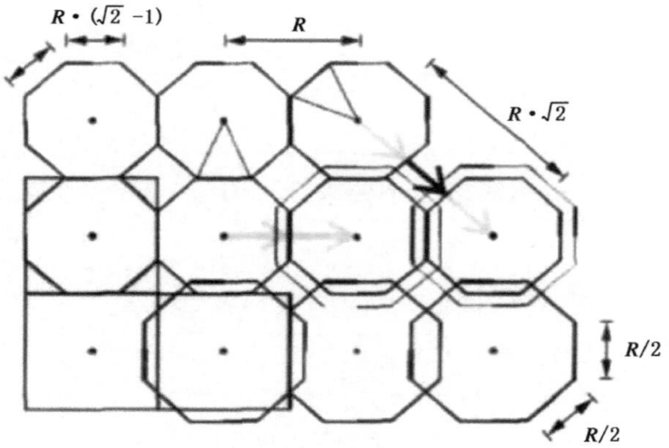

图 6 栅格单元划分图

式中,k 是反映地表(明渠)粗糙情况对水流影响的系数;r 是水力半径;I 为地形(明渠)的坡度。

坡度由单元之间的最低的水位和最高的地形高程之间的差异所决定,对每一个单元都进行计算。相邻单元的流量长度被认为是相等的;位于对角线的单元,以不同的长度算法来计算。不同于静态洪水风险区划图,"FloodArea"在每个时段的运行过程,即运行时间与相应淹没范围和水深,都以栅格形式呈现和存储,直观明了,易于查询。

水流的淹没深度为淹没水位高程和地面高程之间差值,由公式计算:

$$flow\_depth = water\_level_a - \max(elevation_a, elevation_b)$$

式中,$water\_level_a$ 是 a 点的水位高程;$elevation_a$ 是 a 点的地形高程;$elevation_b$ 是 b 点的地形高程。

淹没过程中的水流方向由地形坡向所决定,地形坡向反映了斜坡所面对的方向,坡向指地表面上一点的切平面的法线矢量在水平面的投影与过该点的正北方向的夹角。对地面任何一点来说,坡向表征了该点高程值改变量的最大变化方向,由公式计算:

$$aspect = 270 - \frac{360}{2\pi} \cdot \alpha\tan 2\left[\frac{\partial z}{\partial y}, \frac{\partial z}{\partial x}\right]$$

式中,α 为地形坡度;$\frac{\partial z}{\partial y}$ 是南北方向高程变化率;$\frac{\partial z}{\partial x}$ 是东西方向高程变化率。

Calculate Flood Areas 是对淹没深度数据模拟的核心工具,利用此工具输入数字高程模型与带有权重的暴雨分布栅格。

DEM 与权重数据必须是同一投影系统,单位也必须统一(以 m 为单位)。

模拟结果文件需是数字字母格式文件,数据模型时间间隔为 1 h,共 12 h,同时最大汇流量设置为 1%。

通过以上步骤得到暴雨灾害风险区划,将结果数据在图层属性里选择符号进行分级,依据淹没深度分为四级(根据中国气象局相关规定):

(1)无风险区域,淹没深度(m)<0.2;

(2)低风险区域:淹没深度(m)0.2~0.6;

(3)中风险区域:淹没深度(m)0.6~1.2;

(4)高风险区域:淹没深度(m)>1.2。

然后进行图形美化处理,插入图例、指北针等元素,即可制作风险区划图。

步骤六:暴雨洪涝灾害影响分析

利用 ArcGIS 空间差值的功能对参评因子进行栅格化,使其分布到空间网格上,将不同重现期下(5 年、10 年、15 年、20 年、30 年、50 年和 100 年一遇)暴雨洪涝淹没结果分别叠加流域内的人口、GDP(1 km×1 km 的 GDP 栅格数据)以及土地利用信息,得到不同重现期下人口、GDP 以及土地利用等风险区划图谱,并根据栅格值提取,得到不同重现期下不同淹没深度的定量化信息表。

以精细化土地利用类型为基础,确定各暴雨洪涝灾害在不同土地类型上灾害脆弱性系数;利用 ArcGIS 将数据落实到网格中,提取每个单元网格的脆弱性系数进行插值,得到暴雨洪涝灾害在不同土地类型上的脆弱性,同时叠加人口、社会经济的分布,实现对承灾体潜在易损性分析。

(1)在 ArcGIS 中利用空间分析工具中栅格计算器(Raster Caculator)将人口、GDP 及土地利用数据进行空间赋属性(转换成整形数值)。

(2)在 ArcGIS 中利用栅格数据重分类工具(Reclassify)给不同重现期(5 年、10 年、15 年、20 年、30 年、50 年和 100 年一遇)的数据按淹没深度赋属性。

（3）对相同像元大小(30×30)的栅格进行叠加（图7）。因人口、GDP以及土地利用数据与不同重现期数据都具有相同的栅格单元大小，每个栅格单元都有其相对应的数据，通过Arc-GIS的栅格叠加工具，即可判断相同单元格内不同风险等级对人口、GDP以及土地利用的影响值，并根据栅格值提取，得到不同重现期下不同淹没深度的定量化信息表。

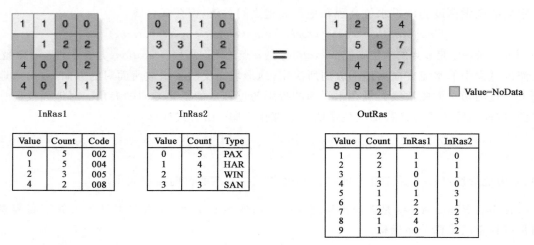

Value	Count	Code
0	5	002
1	5	004
2	3	005
4	2	008

Value	Count	Type
0	5	PAX
1	4	HAR
2	3	WIN
3	3	SAN

Value	Count	InRas1	InRas2
1	2	1	0
2	2	1	1
3	1	0	1
4	3	0	0
5	1	1	3
6	1	2	1
7	2	2	2
8	1	4	3
9	1	0	2

图7　栅格单元叠加原理

最后可制作不同重现期下人口、GDP以及土地利用等风险区划图谱。

步骤七：结果分析与制图

制作的气象灾害风险区划图谱分为二类：

（1）不同重现期面雨量分布图谱；

（2）不同重现期的不同淹没深度对人口、GDP及土地利用的影响图谱。

注：本图集中只展示了10年、30年、50年、100年面雨量分布图谱，10年、30年、50年、100年风险区划图谱以及30年、50年风险评估图谱。

不同重现期风险评估——对人口的影响图谱中，"人口数（人）"为流域内30 m×30 m范围内的最大人口数；

不同重现期风险评估——对GDP的影响图谱中，"GDP值（万元）"为流域内30 m×30 m范围内的最大GDP值（图8）。

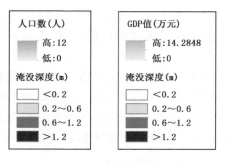

图8　不同重现期风险评估图例

10

目　　录

第 1 章　基本概况

1.1　自然地理

　　甘肃省是我国大陆的地理中心,位于青藏高原、黄土高原和内蒙古高原的交汇地带。全省面积 45.4 万 km²,东西长 1655 km,南北宽 530 km,地貌复杂多样,山地、高原、平川、河谷、沙漠、戈壁类型齐全,交错分布(图 1-1)。地势自西南向东北倾斜,大部分海拔在 1000～3000 m。河西走廊一带地势坦荡,绿洲与沙漠、戈壁断续分布;黄河流域大都被黄土覆盖,形成独特的黄土地形;长江流域山高谷深,峰锐坡陡。全省山地丘陵区面积为 29.1 万 km²,占总面积的 64.1%。

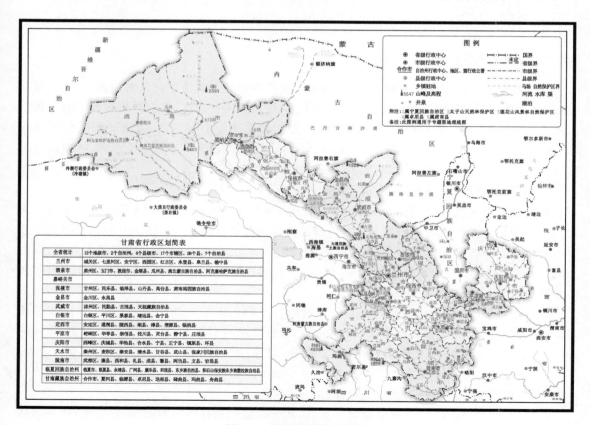

图 1-1　甘肃省行政区划图

　　甘肃省位于亚洲中部与东亚之间内外流域分界线,祁连山东段穿过甘肃境内,分水岭东部的河流都属于太平洋流域,西部的河流均属于内陆河流域。中国地理上和气候上最重要的秦岭至淮河的南北分界线也在甘肃境内通过。中国大陆地理中心位于甘肃省兰州市,体现了甘肃所处的区位优势。甘肃省是全国唯一包含三大高原、三大自然区、两大内外流域、南北分界线和四大气候类型的省份,其独特的地理位置形成了多种复杂的气候类型和自然景观。

　　甘肃省河流按其归属,分三个流域九个水系,即内陆河流域、黄河流域、长江流域。内陆河流域有石羊河、黑河、疏勒河(含苏干湖区的哈尔腾河等)三个水系;黄河流域分黄河干流区(包括支流庄浪河、大夏河、祖厉河及直接流入黄河的小支流)、洮河、湟水、渭河、泾河(含洛河)五个水系;长江流域在全省境内主要为嘉陵江上游地区(主要支流有永宁河、长丰河、西汉水、燕子河及白龙江等)。全省年平均降水量为398.5 mm,其中:内陆河流域为130.4 mm;黄河流域为463.0 mm;长江流域为599.4 mm。降水量空间分布不均,东南多西北少,年际变化非常大,易形成局地短时段旱涝灾害并存的现象。

　　甘肃省植被覆盖率低,生态环境非常脆弱。全省森林覆盖率为4.1%,森林分布不均,集中在陇南、甘南、祁连山北坡、白龙江、洮河、小陇山河康县地区,占全省林地面积的70.4%。干旱、水土流失、山洪、泥石流和滑坡灾害频繁,从而加剧了生态环境恶化,为自然灾害的发生提供了条件。

1.2　甘肃气候

1.2.1　甘肃省气候特征

　　甘肃省独特的地理位置和地形地貌,形成了复杂多样的气候类型。气候温凉干燥,太阳辐射强、光照充足,气温日较差大,降水少、变化率大,气象灾害种类多、发生频率高、范围广,属于大陆性气候特征,从东南向西北可划分为陇南南部北亚热带半湿润区、陇南北部暖温带湿润区、陇中南部冷温带半湿润区、陇中北部冷温带半干旱区、河西走廊冷温带干旱区、河西西部暖温带干旱区、祁连山高寒带半干旱半湿润区和甘南高寒带湿润区。

　　(1)太阳辐射强、光照充足、光能资源丰富

　　甘肃省太阳辐射强、光照充足、光能资源丰富,具有得天独厚的气候资源优势。全省年太阳总辐射变化范围在4630～6380 MJ/m²,自西北向东南逐渐递减。河西和甘南高原年太阳总辐射分别是5500～6380 MJ/m²和5260～5490 MJ/m²,是全省年太阳总辐射最多之处;陇中为5000～5834 MJ/m²,陇东为4980～5284 MJ/m²,陇南在4640～5150 MJ/m²,是全省年太阳总辐射量最少的地方。

　　全省年日照时数在1560～3330 h,分布趋势与太阳总辐射大体一致,自西北向东南逐渐递减。河西大部地区年日照时数2600～3300 h,是甘肃省日照最多地区;陇中北部2500～2900 h,是甘肃省日照时数次多地区;陇中南部、陇东、甘南高原和陇南北部大致在2100～2500 h;陇南南部年日照时数1500～2100 h,是全省日照最少地区。

　　(2)气候温凉、昼夜温差大、热量资源分布差异大

　　全省年平均气温8.1 ℃,比全国低1.3 ℃,其分布趋势是自东南向西北,由盆地、河谷向高原、高山逐渐递减。河西走廊和陇中北部年平均气温为4～10 ℃,祁连山、河西走廊北山和甘南

高原为 0～7 ℃,陇东南为 7～15 ℃。年平均气温乌鞘岭最低为 0.3 ℃,文县最高为 15.1 ℃;气温年较差最大为 34 ℃,昼夜温差最大为 16 ℃。日平均气温≥0 ℃和≥10 ℃的积温全省分别在 1400～5540 ℃·d 和 380～4739 ℃·d。大陆性气候特征明显,在山区和高原,气候具有明显的垂直地带性分布特征。

(3)气候干燥、降水少变率大、地域差异显著

全省年平均降水量为 398.5 mm,少于全国平均降水量(632 mm),是全国降水较少省份之一,全省大约有 70%的地区年降水量<500 mm。分布趋势大致从东南向西北递减,从景泰经定西、武山、礼县、武都到文县有一个由北向南的相对少雨带。河西走廊西部年降水量为 50 mm 左右、中东部为 100～200 mm,陇中北部为 180～300 mm,陇中南部为 300～590 mm,陇东南和甘南高原为 400～750 mm。

降水各季分配不均,夏半年(4—9月)集中了年降水量的 80%～90%。在春末初夏(5月下旬至 6 月中旬)和盛夏(7 月中旬至 8 月中旬)有两个相对少雨时段,也是两个重要的干旱时段。

降水量年际波动大。如兰州最多年降水量(546.7 mm)是最少年(168.3 mm)的 3.2 倍。地域差异显著,康县最多年降水量达 1162.2 mm(1961 年),而敦煌最少年降水量仅 6.4 mm (1956 年)。

(4)各地风速差别大、河西风能资源丰富

甘肃省境内地形地貌复杂,各地风速差别显著。全省年平均风速的变化范围为 0.7～5.0 m/s。高山地区年平均风速最大,河谷、盆地年平均风速最小。祁连山区年平均风速一般为 3～5 m/s,是风速最大的地区;河西走廊由于受南北两山的狭管效应作用风速也比较大,年平均风速 2～4 m/s;陇中山脊区在 3 m/s 以上,河谷地带在 3 m/s 以下;陇东塬区在 2 m/s 左右,河谷地带一般为 1.5 m/s 左右;陇南大多数地方山高谷深,风速较小,一般为 1.5 m/s 左右;甘南高原海拔较高,一般为 2 m/s 左右。

(5)气象灾害种类多、发生频率高

甘肃省气象灾害种类多、发生频率高、危害重。主要气象灾害有干旱、暴雨洪涝、冰雹、大风、沙尘暴、干热风、连阴雨和霜冻等。从空间分布上看,河西大风、沙尘暴多发,东南部暴雨洪涝、山洪地质灾害多发,中东部冰雹、干旱和山洪滑坡、泥石流频繁易发。近 50 年来,年平均降水日数和暴雨日数均呈增多趋势,冰雹、沙尘、大风日数均呈显著减少趋势,干旱、寒潮、连阴雨、干热风次数略有减少,高温、局地强降水事件频次增多。气象灾害造成的经济损失占自然灾害的比重达 88.5%,比全国平均状况高 17.5%,气象灾害损失占甘肃省 GDP 的 3%～5%,大约是全国的 3 倍。

甘肃省暴雨主要出现在河东,平均每年有 20 站次出现暴雨,最多年达 60 站次。近 10 年与 20 世纪 60 年代相比,全省极端强降水事件增加了 45%。2000—2013 年强降水引起的山洪、滑坡、泥石流等灾害造成一定的人员和财产损失。

1.2.2 各市州气候特征

(1)兰州市

兰州市地处甘肃省中部,位于黄河上游,地势东北低西南高,黄河自西南流向东北,横穿全境,切穿山岭,形成峡谷与盆地相间的串珠形河谷,海拔 1500～3600 m。

兰州市属冷温带半干旱气候,夏无酷暑,冬无严寒,是著名的避暑胜地,是全国唯一的黄河穿城而过的省会城市。

年平均气温在5.8~10.4 ℃,平均为7.7 ℃。7月最热为20.1 ℃;1月最冷为-7.2 ℃。气温年较差为26~29 ℃。平均最高气温11.7℃,极端最高气温39.8 ℃(2000年7月24日市区);平均最低气温8.1 ℃,极端最低气温-27.7 ℃(2008年1月30日皋兰)。

年平均降水量在245.8~372.4 mm,平均为308.7 mm。降水量由南向北递减,降水量最多是榆中为372.4 mm,最少是皋兰为245.8 mm。年平均降水日数为83.7 d。最大日降水量为108 mm,出现在1993年7月20日永登。年平均相对湿度为53%~63%。年平均蒸发量在1377.2~1849.1 mm,榆中最小,永登最大。

（2）酒泉市

酒泉市位于甘肃省西北部河西走廊西端的阿尔金山、祁连山与马鬃山（北山）之间。地势南高北低,自西南向东北倾斜。南部祁连山地是一系列海拔3000~5000 m的高山群,海拔4000 m以上,终年积雪冰封,有现代冰川分布,是本区河流发源地。山间有盆地,海拔在1000~1700 m。北部马鬃山（北山）由数列低山残丘组成,海拔多在1400~2400 m。

酒泉市大多属冷温带干旱气候。其中,西部属暖温带干旱区,南部祁连山属高寒带半干旱半湿润区。其特点是热量资源充足,昼夜温差大,降水量少,蒸发量大,日照时间长,太阳能资源丰富。

年平均气温在4.8~9.9 ℃,平均为8.0 ℃。7月最热为23.0 ℃;1月最冷为-9.0 ℃。气温年较差27~34 ℃。平均最高气温15.8 ℃,极端最高气温42.6 ℃(1952年7月16日敦煌);平均最低气温1.2 ℃,极端最低气温-37.1 ℃(2002年12月25日马鬃山)。

酒泉市是甘肃省降水量最少的地区。年平均降水量在39.8~152.5 mm,平均为72.7 mm。降水量由南向北递减,南北相差近4倍。降水量最多是肃北152.5 mm,最少是敦煌仅39.8 mm,是全省降水量最少地方。年平均降水日数为32.8 d。最大日降水量为93.8 mm,出现在2012年6月5日肃北。年平均相对湿度为34%~48%。年平均蒸发量在2002.0~3311.0 mm,是全省蒸发量最大地区。

（3）嘉峪关市

嘉峪关市位于甘肃省西北部,河西走廊西部,境内地势平坦,土地类型多样,讨赖河横穿境内。城市中西部多为戈壁,东南、东北为绿洲,是农业区。绿洲被戈壁分割为点、块、条、带状分布。全市海拔在1412~2799 m,绿洲分布于海拔1450~1700 m。

嘉峪关市属冷温带干旱气候。太阳辐射强、日照时间长、昼夜温差大、气候干燥。

年平均气温在8.2 ℃,7月最热为22.5 ℃;1月最冷为-8.0 ℃。气温年较差为30.5 ℃。平均最高气温22.1 ℃,极端最高气温38.9 ℃,出现在2016年7月30日;平均最低气温-4.3 ℃,极端最低气温-28.3 ℃,出现在2012年1月22日。

年平均降水量在127.9 mm,7月最多为28.3 mm;2月最少仅1.1 mm。一年中降水多集中在6—8月,占全年降水量的59%。最大日降水量为40.8 mm,出现在2009年9月5日。年平均蒸发量为2002.0 mm,是降水量的15.7倍。

（4）张掖市

张掖市位于甘肃省西北部,河西走廊中段,处在青藏高原与内蒙古高原的过渡地带。南部地势平坦,黑河贯穿全境,形成了特有的荒漠绿洲景观。中部为海拔1410~2230 m的倾斜平原,形成张掖盆地。平原地形呈冲积扇形,由东南向西北敞开,是河西走廊的重要组成部分。

张掖市属冷温带干旱气候,祁连山高寒带半干旱半湿润气候。其特点是夏季短而酷热,冬季长而严寒,干旱少雨,且降水分布不均,昼夜温差大,风能、太阳能资源丰富。

年平均气温在4.1～8.3℃,平均为6.6℃。7月最热为20.4℃;1月最冷为－9.1℃。气温年较差为26～32℃。平均最高气温为14.3℃,极端最高气温为40.0℃(2010年7月27日高台);平均最低气温为0.3℃,极端最低气温为－33.3℃(1955年1月8日山丹)。

年平均降水量在112.3～354.0 mm,平均为197.2 mm。降水量最多民乐为354.0 mm,最少是高台为112.3 mm,两地相差达3倍多。年平均降水日数67.1 d。最大日降水量为65.5 mm,出现在1974年7月30日高台。年平均蒸发量在1672.1～2358.4 mm,民乐最小,山丹最大。

(5)金昌市

金昌市位于河西走廊东部,地势南高北低,山地平川交错,戈壁绿洲相间。北和东与民勤县相连,东南与武威市相靠,南与肃南裕固族自治县相接,西南与中牧山丹马场搭界,西与山丹县接壤,西北与内蒙古自治区阿拉善右旗毗邻。

金昌市大部分地区属冷温带干旱气候,西南部属祁连山高寒带半干旱半湿润气候。

年平均气温为9.5℃,7月最热为24.3℃;1月最冷为－7.2℃。气温年较差31.5℃。平均最高气温为16.2℃,极端最高气温为42.4℃,出现在1997年7月22日金昌;平均最低气温为2.8℃,极端最低气温为－28.3℃,出现在2002年12月26日金昌。

年平均降水量为122.3 mm,7月最多为29.4 mm;12月和2月最少,仅为0.7 mm。一年中降水多集中在6—8月,占全年降水量的66%。最大日降水量为37.1 mm,出现在2000年6月24日金昌。夏秋季湿度较大,冬春季相对干燥。年平均蒸发量为2381.8 mm,是降水量的19.5倍。

(6)武威市

武威市位于河西走廊东端,地处黄土、青藏、内蒙古三大高原交汇地带,地势南高北低,由西南向东北倾斜,依次形成南部祁连山山地、中部走廊绿洲平原和北部荒漠三种地貌类型。海拔介于1020～4874 mm。

武威市属冷温带干旱气候,祁连山高寒带半干旱半湿润气候。其特点是四季分明,冬寒夏暑,昼夜温差大,降水较少、分布不均,蒸发量大,风能、太阳能资源丰富。

年平均气温在0.3～8.8℃,平均为5.9℃。7月最热为19.0℃;1月最冷为－8.7℃。气温年较差为23～32℃。平均最高气温为12.6℃,极端最高气温为41.7℃(2010年7月30日民勤);平均最低气温为0.2℃,极端最低气温为－32℃(1991年12月27日凉州)。

年平均降水量在113.2～407.4 mm,平均为261.0 mm。降水量由南向北递减,南北相差近4倍。降水量最多是南部的乌鞘岭为407.4 mm,最少是北部的民勤为113.2 mm。年平均降水日数为83.6 d。最大日降水量为62.7 mm,出现在1985年6月3日凉州。年平均相对湿度44%～58%。年平均蒸发量在1510.7～2662.7 mm,乌鞘岭最小,民勤最大。

(7)白银市

白银市位于黄河上游甘肃省中部,属腾格里沙漠和祁连山余脉向黄土高原过渡地带,地势由东南向西北倾斜,黄河呈"S"形在腰中贯穿全境,将境内地形分为西北与东南两部分,海拔在1275～3321 m。

白银市属冷温带半干旱气候,日照充足,夏无酷暑,冬无严寒。

年平均气温在 8.1～9.4 ℃,平均为 8.9 ℃。7 月最热为 22.0 ℃;1 月最冷为－6.4 ℃。气温年较差为 27～29 ℃。平均最高气温为 9.6 ℃,极端最高气温为 39.5 ℃(2000 年 7 月 23 日靖远);平均最低气温为 6.6 ℃,极端最低气温为－27.3 ℃(1958 年 1 月 15 日景泰)。

年平均降水量在 179.7～342.9 mm,由南向北递减,平均为 234.6 mm。降水量最多是会宁为 342.9 mm,最少是景泰为 179.7 mm,南北相差近 1 倍。年平均降水日数为 65.5 d。最大日降水量出现在 1959 年 7 月 13 日,白银为 82.2 mm。年平均相对湿度为 48%～63%。年平均蒸发量在 1646.1～2251.3 mm,会宁最小,景泰最大。

(8)定西市

定西市地处黄土高原、甘南高原、陇南山地的交汇地带,属黄土高原丘陵沟壑区。地势自西南向东北倾斜,西南高,东北低,海拔在 1452～3941 m。

定西市北部属冷温带半干旱气候,南部属冷温带半湿润气候,大致以渭河为界。前者包括安定区以及通渭、陇西、临洮三县和渭源县北部,占全市面积的 60%,全年降水较少,日照充足,温差较大;后者包括漳县、岷县和渭源县南部,占全市面积的 40%,海拔较高,气温较低。

年平均气温在 3.9～8.2 ℃,平均为 6.7 ℃。7 月最热为 20.2 ℃;1 月最冷为－8.1 ℃。气温年较差为 23～26 ℃。平均最高气温为 9.6 ℃,极端最高气温为 36.1 ℃(2000 年 7 月 24 日临洮);平均最低气温为 6.6 ℃,极端最低气温为－29.7 ℃(1991 年 12 月 28 日安定)。

年平均降水量在 377.0～556.3 mm,平均为 452.7 mm。降水量由南向北递减,降水量最多的是岷县为 556.3 mm,最少的是安定为 377.0 mm。年平均降水日数为 106.8 d。最大日降水量 143.8 mm,出现在 1979 年 8 月 11 日临洮。年平均相对湿度为 63%～70%。年平均蒸发量在 1229.1～1649.2 mm,岷县最小,安定最大。

(9)临夏回族自治州

临夏回族自治州地处黄土高原向青藏高原的过渡地带。州境东至洮河,南屏白石山、太子山,西倚积石山,北临黄河、湟水,海拔在 1563～4585 m。山地面积占全州总面积的 90%,地势高而切割深邃,属高原浅山丘陵区。临夏西接青海,南邻甘南,东北与兰州毗邻,东部与定西相连。

临夏回族自治州东北部属冷温带半干旱气候,西南部属冷温带半湿润气候。其特点是西南部山区高寒阴湿,东北部干旱,河谷平川区气候温和。冬无严寒,夏无酷暑,四季分明。

年平均气温在 5.6～9.7 ℃,平均为 7.0 ℃。7 月最热为 18.3 ℃;1 月最冷为－6.6 ℃。气温年较差为 23～26 ℃。平均最高气温为 16.8 ℃,极端最高气温为 40.7 ℃(2000 年 7 月 24 日永靖);平均最低气温为 2.0 ℃,极端最低气温为－32.2 ℃(1991 年 12 月 28 日康乐)。

年平均降水量在 273.7～592.7 mm,平均为 481.3 mm。降水量呈南多北少分布,降水量最多的是和政为 592.7 mm,最少的是永靖为 273.7 mm。年平均降水日数为 107.2 d。最大日降水量为 137.7 mm,出现在 2005 年 7 月 1 日康乐。年平均相对湿度为 59%～70%。年平均蒸发量在 1190.8～1551.7 mm,和政最小,永靖最大。

(10)甘南藏族自治州

甘南藏族自治州是中国 10 个藏族自治州之一,地处甘肃省西南部,青藏高原东北边缘与黄土高原西部过渡地带。南部为重峦叠嶂的迭岷山地,东部为连绵起伏的丘陵山区,西部为广袤无垠的平坦草原,地势西北高,东南低,由西北向东南呈倾斜状。全州最高海拔 4900 m,最低海拔 1100 m。

甘南藏族自治州分为三种气候类区。南部属冷温带半湿润气候,气候温和;东部属冷温带半干旱半湿润气候,农牧兼营;西北部属高寒半湿润和湿润气候,冬季严寒,夏季凉爽,为广阔的草甸草原。

年平均气温在 1.8～13.4 ℃,平均为 5.1 ℃。7 月最热为 15.2 ℃;1 月最冷为－6.3 ℃。平均最高气温为 12.2 ℃,极端最高气温为 38.2 ℃(1998 年 6 月 29 日舟曲);平均最低气温为－2.6 ℃,极端最低气温为－29.6 ℃(1971 年 1 月 31 日玛曲)。

年平均降水量在 420.6～593.4 mm,南多北少,平均为 524.4 mm。降水量最多的是玛曲为 593.4 mm,最少的是舟曲为 420.6 mm。年平均降水日数为 135 d。最大日降水量为 93.5 mm,出现在 2009 年 7 月 21 日玛曲。年平均相对湿度为 60％～65％。年平均蒸发量在 1220.6～2030.8 mm,碌曲最小,舟曲最大。

(11)天水市

天水市位于甘肃东南部,全市横跨长江、黄河两大流域。境内山脉纵横,地势西北高东南低,海拔在 755～3120 m。地貌区域分异明显,东部和南部为山地地貌,北部为黄土丘陵沟壑地貌,中部小部分地区形成渭河河谷地貌。

天水市南部属冷温带半湿润气候,北部属暖温带半干旱半湿润气候。其特点是冬无严寒,夏无酷暑,春季升温快,秋季多连阴雨。气候温和,四季分明,日照充足,降水适中。

年平均气温在 8.1～11.4 ℃,平均为 10.2 ℃。7 月最热为 22.2 ℃;1 月最冷为－2.9 ℃。气温年较差为 25 ℃左右。平均最高气温为 16.5 ℃,极端最高气温为 38.3 ℃(1966 年 6 月 20 日麦积);平均最低气温为 5.3 ℃,极端最低气温为－25.5 ℃(1991 年 12 月 28 日张家川)。

年平均降水量在 424.8～553.2 mm,平均为 482.1 mm。降水量由东南向西北递减,降水量最多是清水为 553.2 mm,最少是武山为 424.8 mm。年平均降水日数为 100.4 d。最大日降水量为 140.4 mm,出现在 2013 年 6 月 20 日麦积。年平均相对湿度为 66％～72％。年平均蒸发量在 1287.3～1628.4 mm,张家川最小,武山最大。

(12)平凉市

平凉市位于甘肃省东部,位于六盘山东麓,泾河上游,横跨陇山。处在陕、甘、宁三省(区)交汇处,海拔在 890～2857 m。

平凉市属冷温带半湿润气候。其特点是东南湿、西北干,东暖、西凉,降水量分布不均匀,冬春季少雨,降水主要集中在 7—9 月。

年平均气温在 7.8～10.4 ℃,平均为 9.1 ℃。7 月最热为 21.5 ℃;1 月最冷为－4.6 ℃。气温年较差为 25～27 ℃。平均最高气温为 15.9 ℃,极端最高气温为 40.0 ℃(1997 年 7 月 21 日泾川);平均最低气温为 4.2 ℃,极端最低气温为－30.2 ℃(1991 年 12 月 28 日华亭)。

年平均降水量在 414.1～579.7 mm,平均为 506.3 mm。降水量由东向西递减,降水量最多的是华亭为 579.7 mm,最少的是静宁为 414.1 mm。年平均降水日数为 99 d。最大日降水量为 184.6 mm,出现在 2013 年 7 月 22 日灵台。年平均相对湿度为 64％～72％。年平均蒸发量在 1264.9～1477.6 mm,泾川最小,崇信最大。

(13)庆阳市

庆阳市位于黄土高原的西端,东倚子午岭,北靠羊圈山,西接六盘山,东、西、北三面隆起,中南部低缓,全境呈簸箕形状,故有"陇东盆地"之称。覆积厚度达百余米的黄土地表,被洪水、河流剥蚀和切割,形成现存的高原、沟壑、梁峁,河谷、平川、山峦、斜坡兼有的地形地貌,分为中南部黄土高原沟壑区、北部黄土丘陵沟壑区、东部黄土低山丘陵区,海拔在885～2081 m。

庆阳市北部属冷温带半干旱气候,南部属冷温带半湿润气候。其特点是冬冷常晴、夏热雨丰,降雨量南多北少,气温南高北低。

年平均气温在8.7～10.0 ℃,平均为9.4 ℃。7月最热为22.2 ℃;1月最冷为−4.9 ℃。气温年较差为25～29 ℃。平均最高气温为18.5 ℃,极端最高气温为39.0 ℃(2006年6月17日宁县);平均最低气温为3.7 ℃,极端最低气温为−27.1 ℃(1991年12月28日宁县)。

年平均降水量在409.5～609.8 mm,平均为514.7 mm。降水量分布为东南多西北少,降水量最多是正宁为609.8 mm,最少是环县为409.5 mm。年平均降水日数为92 d。最大日降水量为190.2 mm,出现在1966年7月26日庆城。年平均相对湿度为59%～69%。年平均蒸发量在1340.7～1702.4 mm,宁县最小,环县最大。

(14)陇南市

陇南市位于甘肃省南部,境内高山、河谷、丘陵、盆地交错,地域差异明显,是全省唯一属于长江水系并拥有北亚热带气候的地区,海拔在550～4187 m。

陇南市北部属暖温带湿润气候,南部河谷属北亚热带半湿润气候,是甘肃省气温最高、降水量最多地区。其特点是气候宜人,雨量充沛,气候垂直分布显著。

年平均气温在9.1～15.1 ℃,平均为11.8 ℃。7月最热为22.7 ℃;1月最冷为0 ℃。气温年较差为21～24 ℃。平均最高气温为17.7 ℃,极端最高气温为39.9 ℃(1951年6月30日武都);平均最低气温为7.4 ℃,极端最低气温为−24.6 ℃(1975年12月14日西和)。

年平均降水量在440.4～750.8 mm,平均为571.9 mm。降水量由东南向西北递减,降水量最多是康县为750.8 mm,最少是文县为440.4 mm。年平均降水日数为117 d。最大日降水量为162.0 mm,出现在2009年7月17日康县。年平均相对湿度为57%～76%。年平均蒸发量在1025.8～1976.9 mm,成县最小,文县最大。

1.3　甘肃省河流水系

1.3.1　内陆河流域

内陆河流域处于甘肃省西北部,流域面积24.14万 km²,占全省总面积的60%,其中苏干湖水系属于柴达木内陆河;疏勒河、黑河、石羊河三水系属河西内陆河。

(1)苏干湖水系

苏干湖水系以大哈勒腾河为干流,源于党河南山的奥果吐乌兰,向西流经苏干湖盆地,汇入苏干湖。流域面积2.11万 km²,年径流量2.95亿 m³,上游高山区的现代冰川融水量占径流量的36%。

(2)疏勒河水系

疏勒河是河西走廊内流水系的第二大河,全长540 km,流域面积20197 km²,发源于祁连山脉西段托来南山与疏勒南山之间,西北流经肃北蒙古族自治县的高山草地,贯穿大雪山到托来南山间峡谷,过昌马盆地。出昌马峡以前为上游,水丰流急,昌马堡站年径流量为7.81亿 m³。出昌马峡至河西走廊平地为中游,向北分流于大坝冲积扇面,有十道沟河之名。至扇缘接纳诸泉水河后分为东、西两支流,东支汇部分泉水河又分南、北两支,名南石河和北石河,向东流入花海盆地的终端湖;西支为主流,又称疏勒河,至瓜州县双塔堡水库以下为下游,由于灌溉、蒸发、下渗而水量骤减。昌马冲积扇以西主要支流有榆林河及党河,以东主要支流有石油河及白杨河,均源出祁连山西段。出山口年径流量为 18.30 亿 m³。

(3)黑河水系

黑河是甘肃省最大的内陆河,发源于青海省境内走廊南山南麓和托来山北麓的山间,流至青海省祁连县纳八宝河进入甘肃省境内,至莺落峡出山流入河西走廊,经张掖、临泽、高台,再穿过正义峡,经鼎新向北进入内蒙古自治区,称弱水(亦称额济纳河),最后入居延海。黑河从发源地到居延海全长 821 km,流域面积 14.293 万 km²,其中甘肃省 6.181 万 km²,青海省1.041 万 km²,内蒙古自治区约 7.071 万 km²。黑河流域有 35 条小支流,形成东、中、西三个独立的子水系,其中西部子水系包括讨赖河、洪水河等,归宿于金塔盆地,面积 2.11 万 km²;中部子水系包括马营河、丰乐河等,归宿于高台盐池—明花盆地,面积 0.61 万 km²;东部子水系即黑河干流水系,包括黑河干流、梨园河及 20 多条沿山小支流,面积 11.61 万 km²。在山区形成地表径流总量为 37.55 亿 m³,其中东部子水系出山径流量为 24.75 亿 m³,包括干流莺落峡出山年平均径流量为 15.8 亿 m³,梨园河出山年平均径流量为 2.37 亿 m³,其他沿山年平均径流量为 6.58 亿 m³。

(4)石羊河水系

石羊河是河西走廊内流水系的第三大河,水系源出祁连山东段,以雨水补给为主,兼有冰雪融水成分。上游祁连山区降水丰富,有 64.8 km² 的冰川和森林,是河流的水源补给地,前山皇城滩是优良牧场。中游流经河西走廊平地,形成武威和永昌诸绿洲,灌溉农业发达。下游是民勤绿洲,终端湖如白亭海及青土湖等。石羊河流域自东向西由大靖河、古浪河、黄羊河、杂木河、金塔河、西营河、东大河、西大河八条河流及多条小沟小河组成,河流补给来源为山区大气降水和高山冰雪融水,产流面积为 1.11 万 m²,年平均径流量为 15.60 亿 m³。

1.3.2　黄河流域

黄河流域包括陇中、甘南高原、陇东及天水市,省内流域面积为 14.45 万 km²,支流众多,水利条件优越,水能资源丰富,主要有六大水系。

(1)黄河干流水系

黄河三次流经甘肃省,前两次流经玛曲称玛曲段,汇入白河、黑河、沙柯曲等支流;第三次流经地以兰州为中心称兰州段(积石峡至黑山峡),汇入洮河、湟水两个水系及银川河、大夏河、庄浪河、宛水河和祖厉河等支流。黄河干流水系流域面积为 5.67 万 km²,在甘肃省境内年平均径流量 135 亿 m³,占全省年平均径流量的 45%,共有 11 个重要峡谷。

(2)洮河水系

洮河发源于甘南高原西倾山北麓的勒尔当,向东流经碌曲、卓尼、岷县,北折经临洮至刘家峡汇入黄河,是甘肃省内黄河的第一大支流,其主要支流有周科河、科才河、热乌克河、博拉河、三岔河、广通河、车巴沟、卡车沟、大峪沟、送藏河、羊沙河、冶木河和漫坝河等。省内流域面积为 2.55 万 km²,年平均径流量为 53 亿 m³。

(3)湟水水系

湟水发源于青海大通山南麓,流至享堂进入甘肃境内,有支流大通河汇入,再流经红古至达川汇入黄河干流,总流域面积为 3.29 万 km²,年平均径流量为 45.1 亿 m³。

(4)渭河水系

渭河发源于渭源县太白山,向东流经陇西、武山、甘谷、天水等县(市)至天水市北道区牛背里村入陕西境内。主要支流有秦祁河、榜沙河、散渡河、葫芦河、精河、牛头河、通关河等,其中葫芦河最长,发源于宁夏西吉县月亮山。渭河在甘肃省境内流域面积为 2.56 万 km²,年平均径流量为 22.6 亿 m³。

(5)泾河水系

泾河发源于宁夏泾源县六盘山东麓,流经平凉、泾川、宁县进入陕西省。主要支流有内纳河、洪河、交口河、浦河、马莲河、黑河等,其中马莲河流域面积最大,发源于陕西定边县白于山。省内流域面积为 3.12 万 km²,年平均径流量为 9.16 亿 m³。

(6)北洛河水系

甘肃省华池县子午岭以东的葫芦河属北洛河水系。葫芦河发源于华池县老爷岭,横穿合水县北部,过太白镇流入陕西省境内。省内流域面积为 2.33 万 km²,年平均径流量为 0.585 亿 m³。

1.3.3　长江流域

甘肃省境内长江流域位于陇南市南部,流域面积 3.84 万 km²,主要有两大水系,水源充足,冬季不封冻,河道坡度大,多峡谷,有丰富水能资源。

(1)嘉陵江水系

嘉陵江源于陕西省境内秦岭主山脊南麓,经凤县至两当县东部进入甘肃省境内,穿过两当县、徽县至白水江进入陕西略阳县。甘肃省内流域面积 3.84 万 km²。主要支流有红崖河、庙河、永宁河、平洛河、长丰河(青泥河)、西汉水、红河、燕子河(铜线河)、洮水河、西和河、清水江、白水江、中路河、让水河、洛唐河、洪坝河、岷江和多儿河等。其中发源于甘南高原西倾山郎木寺附近的白龙江,省内流域面积 2.74 万 km²,年径流量约 87 亿 m³,虽然划为嘉陵江的一级支流,就其甘肃省境内的河长、流域面积和水量均超过嘉陵江干流。

(2)汉江水系

汉江水系仅有两当县的八庙河。八庙河源于太阳山,流经广金后就进入陕西勉县。省内河长不足 20 km,流域面积仅为 170 km²。

第 2 章　基本气候要素

2.1　气温

气温是最重要的气象要素之一,它可以表示一地总的冷、暖程度并表征其热量资源。气温地域差异直接影响着植被和各种农作物的分布,气温与农业生产关系密切,是农作物生长、发育和产量形成所必需的气候因子之一。一个地区农、林、牧业的生产布局,作物种类分布、品种选择、种植制度的形成及各种农事活动,在很大程度上决定当地热量的多寡与变化状况。除了农、林、牧业之外,其他经济建设、商贸活动、人们日常生活都无不与气温密切相关。

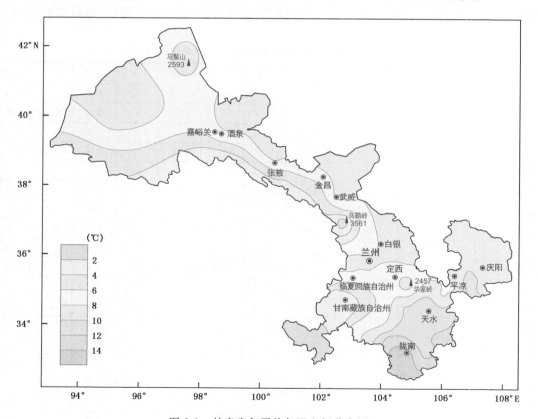

图 2-1　甘肃省年平均气温空间分布图

2.1.1　平均气温

气温的地理分布与变化特征,是受地理纬度、太阳辐射和地形特点综合影响的结果。甘肃省地域广阔、山脉起伏、地形复杂,气温空间分布差异较大。全省年平均气温变化范围在0.3～15.1 ℃,分布趋势自东南向西北,由盆地、河谷向高原、高山逐渐递减(图2-1)。河西走廊地形平坦,年平均气温5.4～9.9 ℃。祁连山区地形复杂,气温垂直变化较大,气温等值线大致与地形等高线平行,海拔3000 m以下地方年平均气温为0.3～7.2 ℃;海拔3000 m以上地方年平均气温在0 ℃以下。陇中地处黄土高原,气候凉爽,温度宜人,年平均气温为4.0～10.4 ℃。陇东地处黄土高原,冬无严寒,夏无酷热,气候温和,年平均气温为7.8～10.3 ℃。陇南位于甘肃南部,高山、河川、盆地相间,气候温暖、山川秀丽,年平均气温为9.1～15.1 ℃。甘南高原是青藏高原东部边缘,山地起伏,气候严寒,年平均气温1.8～13.4 ℃。

2.1.2　各月气温分布

从甘肃省各代表站各月平均气温表上可以看出,甘肃省最冷月出现在1月,各地平均气温在−11.8(马鬃山)～4.2 ℃(文县)(表2-1)。河西、陇中和甘南大部分地区＜−5.0 ℃,陇东在−4.0 ℃左右,陇南西南部在0 ℃以上,其余大部分地方为−3.2～0 ℃。

最热月出现在7月,各地平均气温在11.4(玛曲)～25.2 ℃(敦煌、武都)。祁连山区、陇中南部和甘南高原大部分地区在20.0 ℃以下,陇中北部和陇东在22 ℃左右,河西地区、陇南大部分地区高于22 ℃。

表 2-1　甘肃省各代表站各月平均气温(单位:℃)

站名	1月	2月	3月	4月	5月	6月	7月	8月	9月	10月	11月	12月
马鬃山	−11.8	−8.5	−2.3	5.7	13.0	18.5	20.8	18.8	12.6	4.2	−4.1	−10.2
敦煌	−7.9	−2.6	5.0	12.9	19.1	23.4	25.2	23.3	17.3	8.9	0.8	−6.4
肃北	−6.7	−3.9	1.7	8.3	13.9	18.0	19.8	18.9	14.3	7.1	0.4	−4.9
酒泉	−8.9	−4.4	2.1	10.1	16.2	20.6	22.3	20.6	14.9	7.6	−0.3	−7.3
张掖	−9.1	−4.4	2.6	10.4	16.2	20.6	22.3	20.7	15.0	7.3	−0.6	−7.3
肃南	−9.4	−6.8	−1.6	5.3	10.9	15.0	16.8	15.5	11.1	4.3	−2.5	−7.8
民勤	−8.1	−3.8	3.1	11.0	17.3	21.7	23.7	21.9	16.3	8.6	0.4	−6.2
武威	−7.2	−3.2	3.3	10.9	16.2	20.1	22.2	20.7	15.4	8.5	0.8	−5.4
乌鞘岭	−11.3	−9.7	−5.5	0.4	5.5	9.6	11.8	10.6	6.4	0.6	−5.1	−9.4
兰州	−4.5	0.1	6.1	12.6	17.4	21.1	23.1	21.7	16.9	10.3	3.0	−3.2
白银	−6.2	−2.0	3.9	10.8	16.1	20.1	22.0	20.5	15.6	9.0	1.5	−4.8
安定	−6.9	−2.9	2.5	8.7	13.6	17.1	18.6	18.3	13.7	7.5	0.9	−5.0
岷县	−6.0	−2.7	2.0	7.0	11.2	14.3	16.5	15.8	12.0	6.9	0.9	−4.7
临夏	−6.3	−2.5	3.1	9.2	13.6	16.6	18.6	17.8	13.4	7.5	1.1	−4.6
玛曲	−8.8	−6.1	−1.8	2.5	6.1	9.3	11.4	10.7	7.4	2.4	−3.6	−7.6
合作	−9.3	−6.0	−1.3	3.7	7.8	11.1	13.3	12.5	8.9	3.6	−2.6	−7.8
天水	−1.5	1.9	6.9	13.0	17.5	21.1	23.2	22.0	17.2	11.3	5.1	−0.4
环县	−5.9	−2.0	4.1	11.2	16.7	20.8	22.7	20.7	15.7	9.1	1.8	−4.2

站名	1 月	2 月	3 月	4 月	5 月	6 月	7 月	8 月	9 月	10 月	11 月	12 月
西峰	−4.2	−1.2	3.9	10.6	15.7	19.6	21.4	19.8	15.2	9.3	2.9	−2.6
正宁	−4.1	−1.1	3.9	10.6	15.6	19.5	21.2	19.7	15.2	9.4	3.0	−2.4
崆峒	−4.2	−0.9	4.4	10.9	15.8	19.6	21.5	19.9	15.2	9.0	2.7	−2.7
康县	−0.2	2.2	6.4	11.9	16.1	19.3	21.4	20.6	16.3	11.3	6.0	1.0
武都	3.7	6.5	10.7	16.0	20.2	23.1	25.2	24.3	19.9	15.1	10.0	4.6
文县	4.2	6.8	10.9	16.1	20.2	23.0	25.1	24.2	20.1	15.3	10.5	5.3

2.2　降水

　　甘肃省大部分地区为半干旱和干旱气候,年降水量不多,而雨季集中,降水年变率大、地域差异显著,这对于国民经济尤其是工农业生产有很大影响,降水少已成为农、牧业发展的限制因子。

2.2.1　降水量

　　全省年降水量空间分布大致是从东南向西北递减,东南多,西北少,中部有个相对少雨带(图 2-2)。全省年平均降水量为 39.9～750.8 mm。如甘肃省东南部的康县,年平均降水量为750.8 mm,西北部的敦煌,年平均降水量仅 39.8 mm,两地相差 711.0 mm。

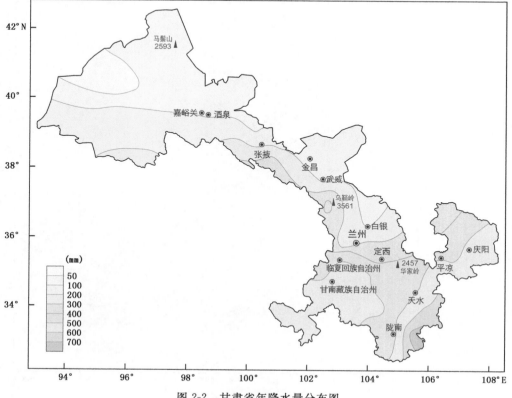

图 2-2　甘肃省年降水量分布图

河西地区年平均降水量大都在 200 mm 以下,并以东南的 200 mm 左右向西北的 40 mm 左右减少。降水量等值线分布大致与祁连山脉走向平行。该区是全省降水量最少地区,也是全国最干旱地区之一。但是在河西分布着石羊河、黑河、疏勒河三大内陆河水系,这些河流大部分源出于祁连山,由于不仅有冰川融水补给,而且有降水补给,两者之间起着调节补偿作用,因而使该地区的河流在丰水年并不很丰,枯水年并不很枯,水量稳定,蕴藏着丰富的水能资源。

陇中地区年降水量在 179.5～592.8 mm,等值线一致向南弯曲,自景泰经安定到陇西为一由北向南的相对少雨带,此少雨带与青藏高原边缘的走向一致,它是整个青藏高原外围相对少雨带的组成部分,降水量为 179.5～300 mm。在少雨带的西南面有个相对多雨区,降水量为 300～592.8 mm(和政)。

陇南地区和甘南高原,年降水量在 420.6～750.8 mm,是甘肃省降水量最多地区。该区也有一个由北向南的相对少雨带,年降水量大都在 450 mm 左右,这个少雨带北侧与陇中地区的相对少雨带相连接,即由陇西,经武山、礼县、武都到文县。

陇东地区年降水量大都在 409.5～609.8 mm,并从东南向西北减少,其中镇原至华池一线的南部为 470.4～609.8 mm,该区也是甘肃省降水量比较多的地区,西北部少于 500 mm。

2.2.2　降水日数

甘肃省年降水日数(日降水量≥0.1 mm 的天数)分布趋势与年降水量大致相同,由东南向西北减少(图 2-3)。河西走廊年降水日数在 20～90 d,是全省降水日数最少区域,特别是安

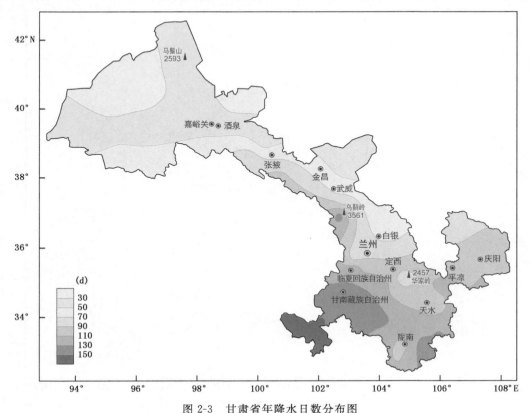

图 2-3　甘肃省年降水日数分布图

敦盆地年降水日数不到 25 d,是全国降水日数最少的地区之一。

祁连山地年降水日数在 40～140 d,从东向西逐渐减少,如祁连山地东段的乌鞘岭为 138 d,中段的肃南为 88 d,西段的肃北为 45 d。陇中年降水日数在 60～130 d,由南向北递减。陇东年降水日数为 90～110 d,由东南向西北递减。陇南和甘南年降水日数分别为 100～150 d 和 120～150 d,其中从天水到文县为年降水日数较少的区域,与干舌控制区的相对少雨带位置相吻合。在此区域东西两侧分别有两个降水日数较多的区域,西边以玛曲为中心,年降水日数为 151 d,东边以康县为中心,年降水日数为 150 d。

综上所述,甘肃省年降水日数的分布和年降水量的分布趋势大体上是一致的。全省有三个降水日数较多的区域,一个在甘南高原西南部玛曲一带,另一个在陇南东南部康县一带,第三个在祁连山地乌鞘岭一带。这和年降水量大值区域一致。全省降水日数最少区域在安敦盆地,这也和年少雨中心相一致。

2.2.3 降水强度

降水强度指单位时间内降水量的多少,是反映降水量利用价值的重要参数。某地方的降水总量可能不少,但是如果很大一部分降水降在极短促时间之内,这种急促暴雨就不可能为地面土壤下渗和农作物所吸收利用,反而足以破坏土壤,毁灭农作物,甚至可以使沟渠洪水泛滥、河道淤塞造成灾害。特别强大的降水,可以冲毁建筑物和桥梁,破坏交通设施。所以降水强度的大小,是农业生产、土木建筑、水利工程等经济建设部门所必须参考的气候参数。

年平均降水强度(年降水量除以年降水日数)分布是由东南向西北减小,降水强度均不大,比同纬度的华北平原小得多(表 2-2、图 2-4)。河西降水稀少,强度也最小,在 1.9～3.8 mm/雨日,其中河西西部不足 2 mm/雨日;陇中、陇南和甘南 3～5 mm/雨日;陇东 4～6 mm/雨日,是甘肃省年平均降水强度最大的地区,也是水土流失最为严重地区之一。

表 2-2 甘肃省各代表站各季、年降水强度(单位:mm/雨日)

站名	冬季	春季	夏季	秋季	全年
马鬃山	0.5	1.6	2.6	1.6	1.6
敦煌	0.6	2.1	2.3	1.5	1.9
肃北	1.0	3.3	4.7	2.5	3.4
酒泉	0.8	2.0	2.7	2.5	2.2
张掖	0.7	2.0	3.2	2.5	2.5
肃南	0.5	2.2	4.0	2.5	3.0
民勤	0.8	2.6	3.4	2.7	2.8
武威	0.8	2.3	3.7	2.7	2.7
乌鞘岭	0.5	1.9	4.8	2.5	2.9
兰州	1.0	3.5	5.6	3.5	3.9
白银	0.6	2.4	4.0	2.6	2.9
安定	0.9	3.5	5.8	3.4	3.7
岷县	0.8	3.6	6.2	4.0	4.2
临夏	0.9	3.9	6.4	4.0	4.4

地名	冬季	春季	夏季	秋季	全年
玛曲	1.0	2.8	5.8	3.8	3.9
合作	0.9	3.2	5.2	3.6	3.8
天水	1.1	4.2	7.4	4.9	4.7
环县	1.1	4.0	7.5	4.7	4.7
西峰	1.3	4.3	8.1	5.2	5.1
正宁	1.4	4.4	8.6	5.9	5.6
崆峒	1.0	3.7	7.6	4.4	4.8
康县	1.0	4.5	8.4	5.2	5.0
武都	0.9	3.5	6.4	4.1	4.4
文县	0.7	3.4	5.8	3.6	4.1

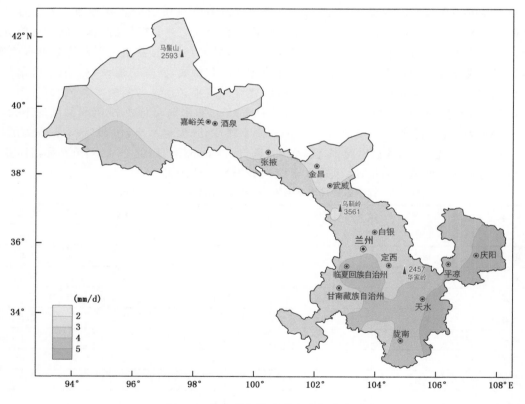

图 2-4　甘肃省年降水强度空间分布图

冬季,河西地区、陇中和甘南 0.5~1.1 mm/雨日;陇东和陇南 0.7~1.5 mm/雨日(图 2-5a)。

春季,河西地区 1.6~3.6 mm/雨日;陇中和甘南 2.6~4.3 mm/雨日;陇东和陇南 3.4~4.6 mm/雨日(图 2-5b)。

夏季,河西大部在 2 mm/雨日左右;陇中和甘南 4.1~7.0 mm/雨日;陇东和陇南 5.8~

9.3 mm/雨日(图 2-5c)。

　　秋季,河西大部在 2.5 mm/雨日左右;陇中和甘南 2.6~4.5 mm/雨日;陇东和陇南 3.6~5.9 mm/雨日(图 2-5d)。

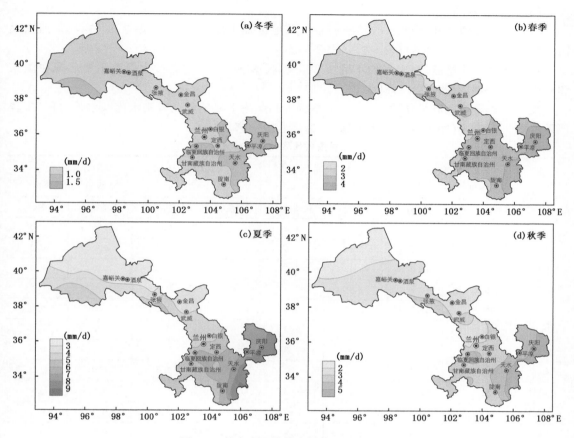

图 2-5　甘肃省四季降水强度空间分布图

2.2.4　各级降水强度

　　按照一般规定,日降水量 0.1~9.9 mm 为小雨,10.0~24.9 mm 为中雨,25.0~49.9 mm 为大雨,50.0~99.9 mm 为暴雨,≥100.0 mm 为大暴雨。各级降水频率=各级降水日数/总降水日数×100%。

　　(1)小雨

　　小雨日数一般由东南向西北减少,其出现频率一般由东南向西北增大(表 2-3)。河西小雨日数一般为 20~63 d,出现频率在 95%左右。陇中和陇东小雨日数为 58~114 d,出现频率为 80%~92%。陇南和甘南小雨日数为 84~135 d,出现频率在 82%~91%。甘肃省大多数地方气候干燥,降水多以小雨为主。

　　(2)中雨

　　中雨日数也是自东南向西北减少,出现频率是河西最小,陇东最大,陇中和甘南次大(表2-3)。河西中雨日数一般 1~5 d,其中敦煌、安西、酒泉等地平均不到 1 d,出现频率为 2%~

7%。陇中和陇东中雨日数为 4~16 d,出现频率为 6%~14%。陇南和甘南中雨日数为 10~16 d,出现频率为 8%~13%。甘肃省中雨出现的频率虽然比较小,如能降在作物生长关键性季节,也基本能满足作物对水分需求。

(3)大雨和暴雨

河西大雨日数平均不到 1 d,其中酒泉以西地区很少出现,出现频率在 1% 左右。河东大雨日数 1~4 d,出现频率在 1%~4%(表 2-3)。

暴雨河西几乎绝迹,河东平均不到 1 d,出现频率在 0.5% 左右。大暴雨主要出现在陇东和陇南,其频率都不超过 0.1%(表 2-3)。

大雨和暴雨除能满足作物需水,在旱季缓解和解除干旱现象及有利水库蓄水外,可带来较严重的水土流失,有些山区引起山洪暴发,造成水毁灾害。

表 2-3 甘肃各代表站各级降水强度

站名	小雨 (0.1~9.9 mm)		中雨 (10.0~24.9 mm)		大雨 (25.0~49.9 mm)		暴雨 (50.0~99.9 mm)	
	日数(d)	频率(%)	日数(d)	频率(%)	日数(d)	频率(%)	日数(d)	频率(%)
马鬃山	37.2	95.9	1.5	3.9	0.1	0.3	0.0	0.0
敦煌	20.5	96.7	0.7	3.3	0.0	0.0	0.0	0.0
肃北	41.0	91.3	3.1	6.9	0.8	1.8	0.0	0.0
酒泉	39.7	96.8	1.2	2.9	0.1	0.2	0.0	0.0
张掖	50.6	95.1	2.4	4.5	0.2	0.4	0.0	0.0
肃南	81.9	92.6	6.2	7.0	0.3	0.3	0.0	0.0
民勤	37.6	94.0	1.9	4.8	0.5	1.3	0.0	0.0
武威	59.5	94.4	3.2	5.1	0.3	0.5	0.0	0.0
乌鞘岭	128.6	92.9	8.7	6.3	1.1	0.8	0.0	0.0
兰州	65.2	87.6	8.0	10.8	1.1	1.5	0.1	0.1
白银	61.2	92.3	4.6	6.9	0.5	0.8	0.0	0.0
安定	90.0	88.7	9.9	9.8	1.5	1.5	0.1	0.1
岷县	114.8	86.6	15.6	11.8	1.9	1.4	0.2	0.2
临夏	97.8	86.6	13.2	11.7	2	1.8	0.3	0.3
玛曲	135.5	89.5	14.2	9.4	1.6	1.1	0.1	0.1
合作	126.3	89.7	12.9	9.2	1.6	1.1	0.0	0.0
天水	91.2	86.0	12	11.3	2.6	2.5	0.3	0.3
环县	74.5	85.7	9.9	11.4	2.2	2.5	0.4	0.5
西峰	86.6	83.8	12.7	12.3	3.4	3.3	0.6	0.6
正宁	89.8	82.2	14.9	13.6	3.6	3.3	0.7	0.7
崆峒	84.5	85.0	11.4	11.5	3.0	3.0	0.5	0.5
康县	127.5	85.5	16.2	10.9	4.2	2.8	1.3	0.9
武都	91.1	86.9	11.7	11.2	1.8	1.7	0.2	0.2
文县	95.1	87.6	11.6	10.7	1.6	1.5	0.2	0.2

2.2.5　暴雨

（1）年暴雨日数空间分布

全省暴雨主要出现在河东地区,年暴雨日数分布趋势大致自西北向东南逐渐增加,山区多于平地,南部和东部山区多于中部和西部山区,迎风面多于背风面(图 2-6)。

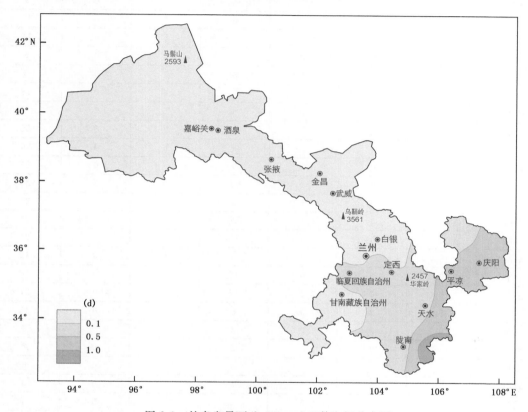

图 2-6　甘肃省暴雨(≥50 mm)日数空间分布图

暴雨主要出现在河东地区,共计有 48 县(区)出现暴雨。1981—2010 年各地暴雨总日数变化范围在 3～39 d。陇中、陇南北部和甘南高原少数地方为 3～19 d,暴雨最少;陇东为 12～27 d,是暴雨较多地方;陇南北部为 24～39 d,是全省暴雨最多地方(表 2-4)。

表 2-4　甘肃省各代表站年、月暴雨总日数(1981—2010 年)(单位:d)

站名	4 月	5 月	6 月	7 月	8 月	9 月	年
永登	0	0	0	3	0	0	3
兰州	0	0	0	3	0	0	3
东乡	0	0	0	3	3	0	6
广河	0	0	0	3	0	0	3
榆中	0	0	3	3	0	0	6
临夏	0	0	0	3	6	0	9
和政	0	0	0	3	6	0	9
康乐	0	0	0	3	3	0	6

续表

站名	4月	5月	6月	7月	8月	9月	年
会宁	0	0	0	1	3	0	4
安定	0	0	0	0	3	0	3
华家岭	0	0	0	3	3	0	6
渭源	0	0	3	3	3	0	9
环县	0	0	3	6	6	0	15
庆成	0	0	3	6	6	0	15
静宁	0	0	0	3	3	0	6
通渭	0	0	0	3	3	0	6
崆峒	0	0	3	9	6	0	18
庄浪	0	0	3	6	6	0	15
庆阳	0	0	0	12	6	3	21
灵台	0	0	0	9	8	3	20
镇原	0	0	0	9	6	0	15
泾川	2	2	2	11	8	3	28
华亭	0	3	3	9	6	0	21
崇信	0	3	3	12	6	0	24
崇信	0	3	3	12	6	0	24
华池	0	0	0	3	9	0	12
合水	0	0	0	12	6	0	18
正宁	0	0	3	12	12	0	27
宁县	0	0	0	6	9	0	15
玛曲	0	0	0	3	0	0	3
漳县	0	0	0	3	0	0	3
岷县	0	0	0	3	3	0	6
宕昌	0	0	3	3	0	0	6
武都	0	0	0	3	3	0	6
文县	0	0	0	3	3	0	6
甘谷	0	0	3	3	0	0	6
秦安	0	0	0	3	3	0	6
武山	0	0	0	0	3	0	3
天水	0	0	3	6	3	0	12
礼县	0	0	0	6	3	0	9
西和	0	0	3	3	3	0	9
清水	0	0	0	9	6	3	18
张家川	0	0	0	6	3	0	9
天水	0	0	0	6	3	3	12
成县	0	0	3	9	9	3	24
康县	0	3	3	15	12	6	39
徽县	0	0	3	15	9	3	30
两当	0	0	3	9	9	3	24

（2）大暴雨空间分布

日降雨量≥100 mm 的大暴雨，主要分布在临夏、兰州市的永登、平凉市、庆阳市、天水市的麦积区和陇南市的部分县（区），日降水量在 100～194 mm，其中崇信、西峰、康县、徽县等地出现过 2 次大暴雨。

1981—1989 年有 6 个县的局部地方出现大暴雨，为 101～131 mm；1990—1999 年有 8 个县的局部地方出现 101～167 mm 大暴雨；2000—2009 年有 11 个县的局部地方出现 101～162 mm 大暴雨；2010 年有 4 个县的局部地方出现 135～184 mm 大暴雨，大暴雨范围和强度有明显扩大和增加趋势（表 2-5）。

表 2-5　甘肃省各代表站＞100 mm 日最大降水量（单位：mm）

站名	日最大降水量	日　期	站名	日最大降水量	日　期
镇原	105.1	1981 年 8 月 15 日	徽县	105.2	2000 年 8 月 17 日
两当	122.3	1981 年 8 月 21 日	漳县	112.1	2003 年 7 月 22 日
徽县	126.8	1983 年 9 月 6 日	合水	105.4	2003 年 8 月 26 日
泾川	104.7	1984 年 7 月 24 日	庆城	159.2	2003 年 8 月 26 日
礼县	101.3	1984 年 7 月 25 日	康乐	137.7	2005 年 7 月 1 日
华池	130.9	1988 年 8 月 8 日	西峰	115.9	2006 年 7 月 2 日
麦积	110.5	1990 年 8 月 11 日	华亭	107.2	2006 年 8 月 14 日
西峰	115.6	1992 年 8 月 9 日	和政	109.0	2007 年 8 月 26 日
宁县	100.7	1992 年 8 月 12 日	成县	126.3	2008 年 7 月 21 日
永登	108	1993 年 7 月 20 日	康县	162.0	2009 年 7 月 17 日
镇原	104.6	1996 年 7 月 27 日	泾川	184.2	2010 年 7 月 23 日
合水	101.4	1996 年 7 月 26 日	华亭	163.5	2010 年 7 月 23 日
崆峒	166.9	1996 年 7 月 27 日	灵台	156.1	2010 年 7 月 23 日
康县	147.6	1998 年 8 月 20 日	崇信	134.8	2010 年 7 月 23 日
崇信	107.1	2000 年 8 月 17 日			

（3）暴雨年变化特征

甘肃省各地暴雨总日数年变化基本上呈双峰型，各地暴雨出现在 4—9 月。即 5 月以后迅速增多，峰值大多数地方出现在 7 月，少数地方出现在 8 月，8 月以后迅速减少（图 2-7）。

1981—2010 年，甘肃省暴雨最早出现在 2003 年 4 月 1 日（庆阳市）；最晚结束于 2002 年 10 月 18 日（天水市武山县）。日降水量最大的站是泾川县，为 184.2 mm（2010 年 7 月 23 日），日降水量最小的站是宁县，为 100.7 mm（1992 年 8 月 12 日）。

（4）暴雨灾害风险区划

甘肃省暴雨灾害风险大致呈从东南向西北递减的形势。高风险区域分布在陇南、天水、平凉、庆阳 4 市及甘南、临夏、定西交界地区。以兰州、白银为代表的中部地区由于经济条件相对较好，抗风险能力较强，为中等风险区。低风险区和次低风险区主要分布在甘肃省河西走廊一带（图 2-8）。

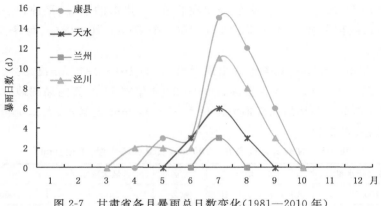

图 2-7 甘肃省各月暴雨总日数变化(1981—2010 年)

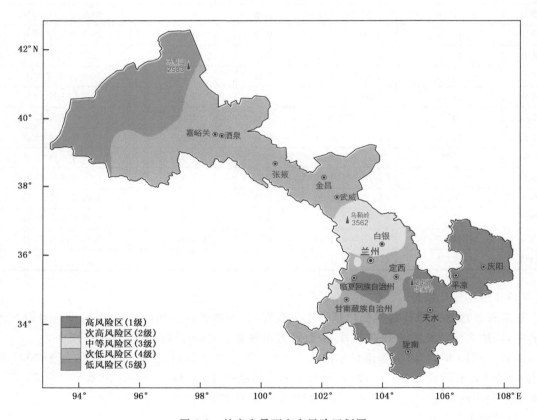

图 2-8 甘肃省暴雨灾害风险区划图

第3章　暴雨洪涝灾害风险区划图谱
——中小河流域

　　兰州区域气候中心根据中国气象局"山洪地质灾害防治气象保障工程",开展山洪灾害风险区域划分和影响预评估能力建设项目并制作暴雨洪涝灾害风险区划图谱。该项目通过对已发生的暴雨洪涝灾害过程进行模型模拟重现,探索其各种影响因子和降水条件与暴雨洪涝灾害之间的联系,总结经验,为后期暴雨洪涝灾害的预警做基础。项目的成果可为全省范围暴雨洪涝风险隐患点潜在灾害风险的有效管理提供参考,预防灾害的发生以及降低灾害造成的损失;区划结果可对灾害易发地区的风险投资、区域开发和灾害管理提供决策依据;同时为开展暴雨洪涝灾害预警提供服务。甘肃省中小河流域分布见图3-1。

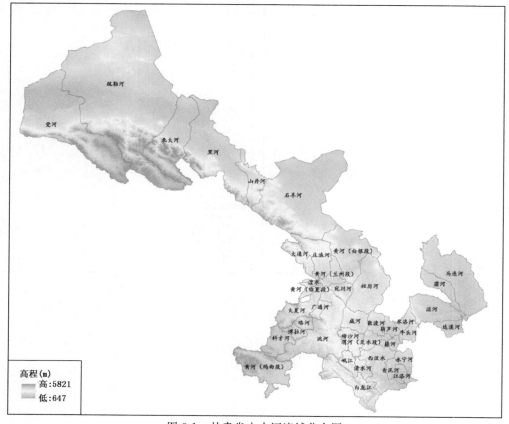

图 3-1　甘肃省中小河流域分布图

3.1 江洛河流域

3.1.1 流域概况

江洛河属于嘉陵江水系,发源于甘肃省徽县江洛镇西秦岭老爷山东麓,河源高程 2279.1 m。河流由北向南流经甘肃省徽县、成县,于陕西省白水江镇汇入嘉陵江。全长 81 km,年平均流量 8.8 m³/s,年径流量 2.8 亿 m³。江洛河流域地跨甘肃省徽县、成县两县,流经徽县江洛、泥阳、榆树、伏镇、栗川、银杏、水阳、大河店和成县店村、红川 10 个乡(镇)。流域面积 1635.45 km²,其中徽县境内 1458.51 km²,成县境内 112 km²。

3.1.2 暴雨洪涝灾害风险区划图谱

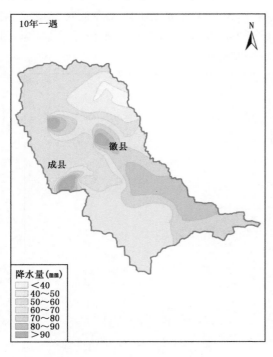
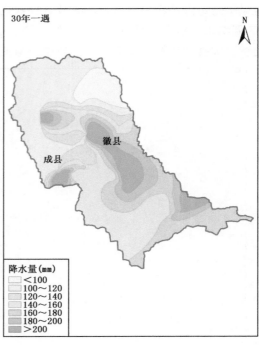

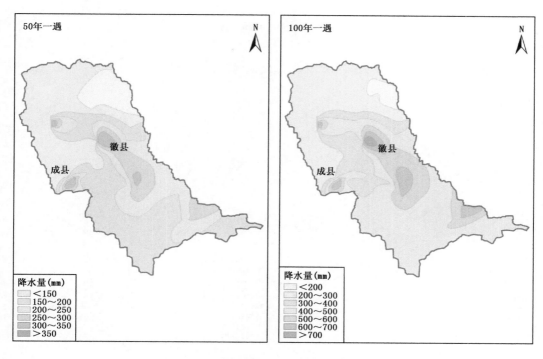

图 3-2　江洛河流域不同重现期面雨量分布图

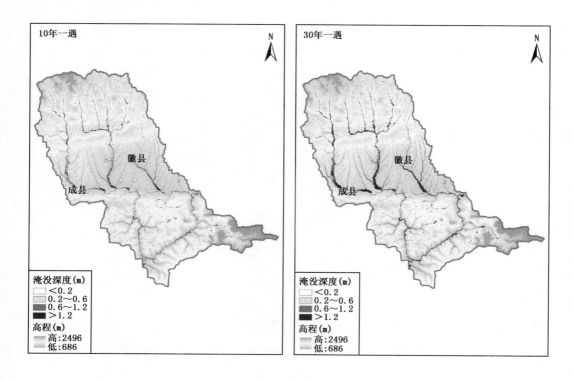

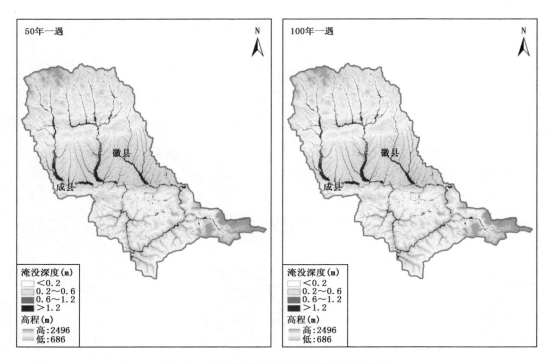

图 3-3　江洛河流域不同重现期风险区划图

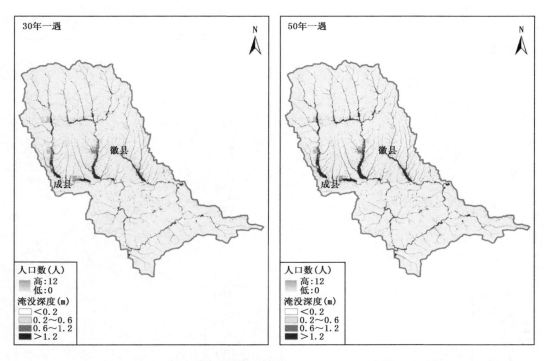

图 3-4　江洛河流域不同重现期风险评估——对人口的影响分布图

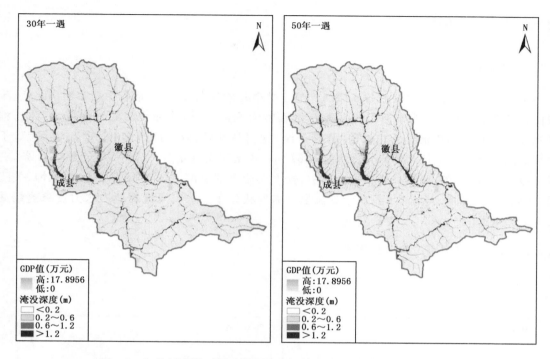

图 3-5　江洛河流域不同重现期风险评估——对 GDP 的影响分布图

3.1.3　风险分析

江洛河流域位于陇南市,主要流经徽县西南部,小部分流域位于成县境内。流域地势南北高,中部低,海拔 686~2496 m。根据图 3-2 分析,当洪灾发生时,水流将由流域南、北两侧沟谷向中部低洼处汇流,故流域中部风险范围较南、北两侧大。根据图 3-3 江洛河流域 T(10、30、50、100)年一遇风险区划图分析,历时越久,区域面雨量越大,流域淹没范围越大,淹没深度越高。

根据图 3-4、图 3-5 江洛河流域 T(30、50)年一遇洪水淹没水深对人口、GDP 的影响分布图分析,流域中部也是人口密度和 GDP 密度较大的区域,年限越大,暴雨洪涝灾害风险区域范围越大,位于风险区域内人口和 GDP 的数值越大。

经数据分析,江洛河流域内人口总数约为 19 万,30 年一遇暴雨洪涝灾害风险区域内的人口数约为 3.7 万,占人口总数的 19%,其中高风险范围内的人口数约为 2.5 万;50 年一遇风险范围内的人口数约为 4.1 万,占人口总数的 22%,其中高风险范围内的人口数约为 3.4 万。

江洛河流域 GDP 总值约为 22.6 亿元,其中 30 年一遇暴雨洪涝灾害风险区域内的 GDP 约为 5.8 亿元,占 GDP 总值的 26%,属于高风险范围内的 GDP 约为 4.2 亿元;50 年一遇约为 6.5 亿元,占 GDP 总值的 29%,高风险范围内的 GDP 约为 5.5 亿元。

3.2　永宁河流域

3.2.1　流域概况

永宁河是嘉陵江上游的一条支流河。位于甘肃省徽县东部,流域形状东西窄而南北长,流域面积 2158.45 km²。永宁河干流发源于西秦岭南麓,徽县西北部大山的东南坡,河源高程 2064.8 m。自北向南流经天水娘娘坝、李子园、党川马家坪、徽县高桥柳林、永宁、嘉陵镇,于中坝汇入嘉陵江。全长 140 km,总落差 1067 m。永宁河支流众多,左岸一级支流有 32 条,右岸一级支流有 24 条,河长一般较短。其中,较大支流有刘家河、北峪沟、李子河、李家河、关陵河、花庙河、高桥河、大沟河 8 条。干支流呈对称羽状分布。永宁河流域境内水力资源蕴藏量为 3.5 万 kW。

3.2.2　暴雨洪涝灾害风险区划图谱

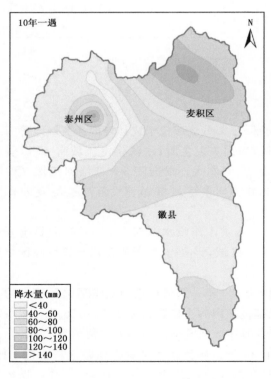

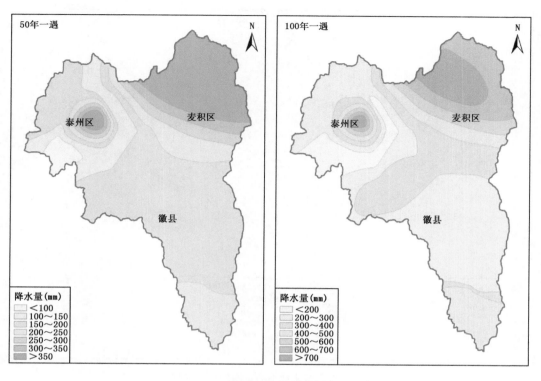

图 3-6　永宁河流域不同重现期面雨量分布图

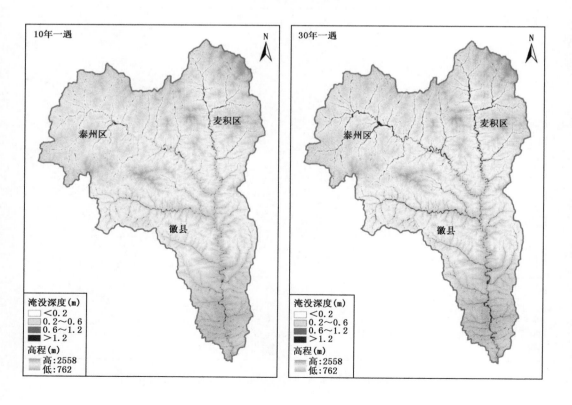

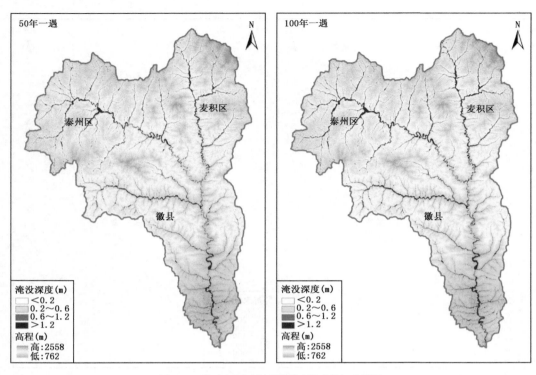

图 3-7　永宁河流域不同重现期风险区划图

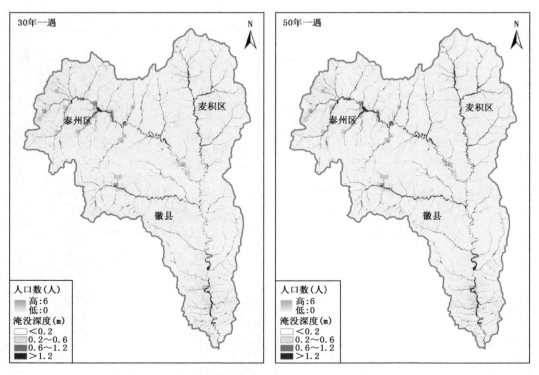

图 3-8　永宁河流域不同重现期风险评估——对人口的影响分布图

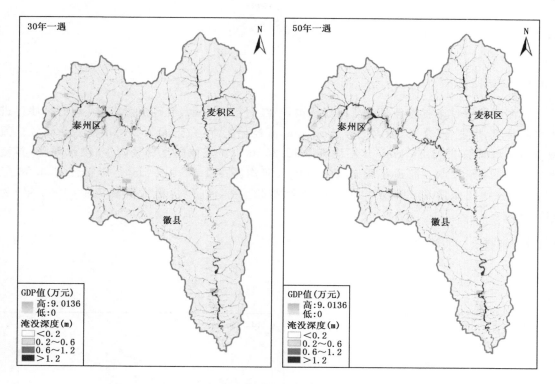

图 3-9　永宁河流域不同重现期风险评估——对 GDP 的影响分布图

3.2.3　风险分析

　　永宁河流域地处秦州区、麦积区和徽县三县交界处。流域海拔 762～2558 m,根据图 3-6 分析,地势自北向南倾斜,水流由北部的秦州区和麦积区向徽县汇聚。根据图 3-7 永宁河流域 T(10、30、50、100)年一遇风险区划图可以看出,暴雨洪涝灾害风险区域主要为山谷及低洼处,故流域所在三县境内均有分布,且随着年限的增大,风险区域的范围也随之扩大。

　　根据图 3-8、图 3-9 永宁河流域 T(30、50)年一遇洪水淹没水深对人口、GDP 的影响分布图可知,流域所在徽县和秦州区境内的人口密度和 GDP 密度较大,暴雨洪涝灾害所产生的损失也更甚于麦积区。

　　经数据分析,宁河河流域内人口总数约为 9 万,30 年一遇暴雨洪涝灾害风险区域内的人口数约为 1 万,占人口总数的 11%,其中高风险范围内的人口数约为 0.7 万;50 年一遇风险范围内的人口数约为 1.2 万,占人口总数的 13%,其中高风险范围内的人口数约为 0.9 万。

　　永宁河流域 GDP 总值约为 13.1 亿元,其中 30 年一遇暴雨洪涝灾害风险区域内的 GDP 约为 1.9 亿元,占 GDP 总值 15%,属于高风险范围内的 GDP 约为 1.3 亿元;50 年一遇风险区域内的 GDP 约为 2.2 亿元,占 GDP 总值 17%,属于高风险范围内的 GDP 约为 1.7 亿元。

3.3 青泥河流域

3.3.1 流域概况

青泥河源于甘肃省徽县荨麻沿河八条沟,经红石门合白水,流经成县,于成县史家坪村进入略阳县境,岸宽 30 余米,境内流程 24.5 km,流经琵琶寺,在封家坝石门山注入嘉陵江。流域境内集水面积 1844.66 km²,年平均流量 12.26 m³/s。流域内具有暴雨多,洪水频繁,集流迅速,洪峰高等特点。河道平均比降 1.71‰,河沟密度 1.20 km/km²。年径流量 3.86 亿m³,水力资源蕴藏量 5184 kW。据成县水文站 22 年实测资料,最大洪峰流量(1964 年)为1300 m³/s。

3.3.2 暴雨洪涝灾害风险区划图谱

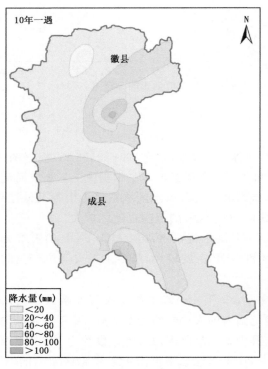
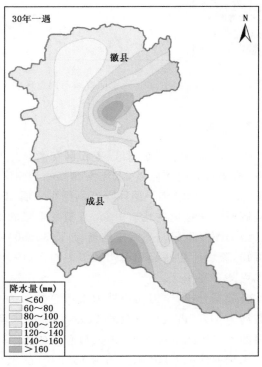

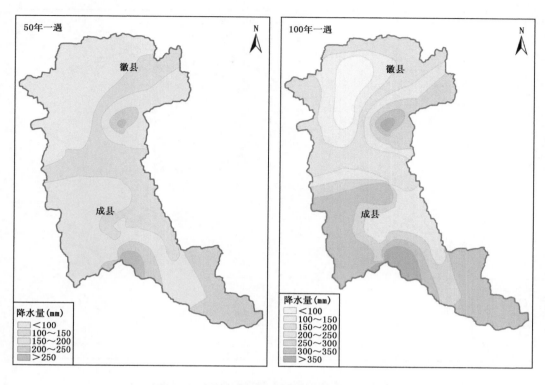

图 3-10　青泥河流域不同重现期面雨量分布图

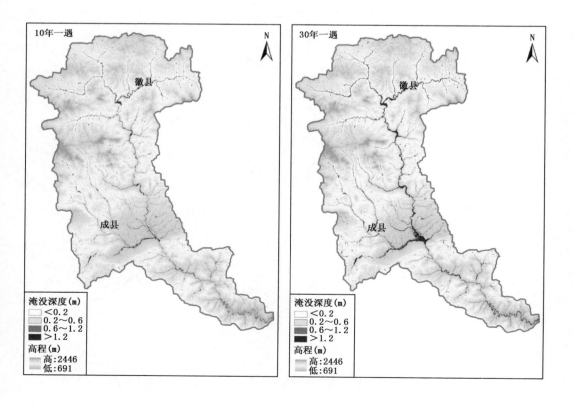

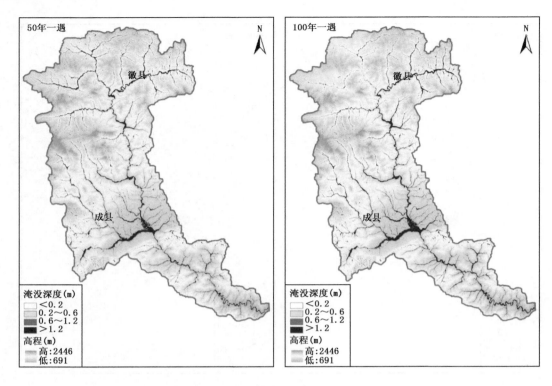

图 3-11 青泥河流域不同重现期风险区划图

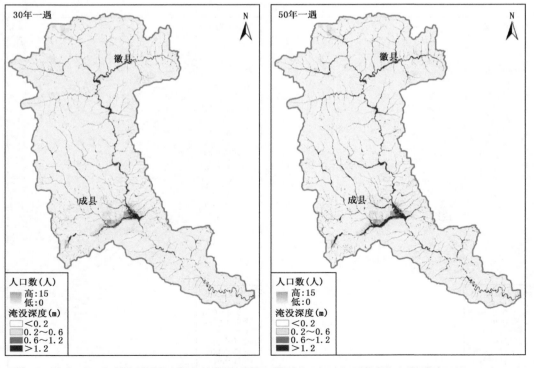

图 3-12 青泥河流域不同重现期风险评估——对人口的影响分布图

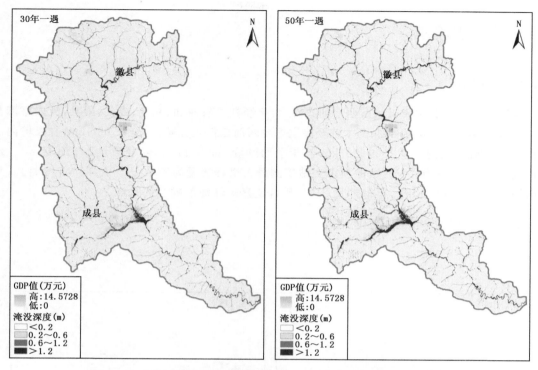

图 3-13　青泥河流域不同重现期风险评估——对 GDP 的影响分布图

3.3.3　风险分析

　　青泥河流域位于陇南市,主要流经成县和徽县,小部分流域位于西和县和秦州境内。青泥河流域海拔 691~2446 m,地势北高南低。根据图 3-10 分析,水流由秦州区、徽县和西和县自北向南汇聚至成县。根据图 3-11 青泥河流域 T(10、30、50、100)年一遇风险区划图可以看出,暴雨洪涝灾害风险区域主要集中在徽县和西和县交界处以及成县中部地区,且暴雨洪涝发生年限越大,风险区域范围越大,淹没深度越高。

　　根据图 3-12、图 3-13 青泥河流域 T(30、50)年一遇洪水淹没水深对人口、GDP 的影响分布图可知,流域所在西和县和成县境内的人口密度和 GDP 密度较大。

　　经数据分析,青泥河流域内人口总数约为 22 万,30 年一遇暴雨洪涝灾害风险区域内的人口数约为 4.2 万,占人口总数的 19%,其中高风险范围内的人口数约为 2.8 万;50 年一遇风险范围内的人口数约为 5.1 万,占人口总数的 23%,其中高风险范围内的人口数约为 3.8 万。

　　青泥河流域 GDP 总值约为 24.6 亿元,其中 30 年一遇暴雨洪涝灾害风险区域内的 GDP 约为 5.2 亿元,占 GDP 总值的 21%,属于高风险范围内的 GDP 约为 3.5 亿元;50 年一遇风险区域内的 GDP 约为 6.5 亿元,占 GDP 总值的 26%,属于高风险范围内的 GDP 约为 4.9 亿元。

3.4　西汉水流域

3.4.1　流域概况

西汉水发源于甘肃省天水市西南的齐寿山,流经甘肃省西和、礼县、成县,康县,流入略阳县境内,岸宽 150 余米,经西淮坝、药木院至徐家坪乡两河口汇入嘉陵江,全长 287 km,甘肃境内流程长 205.6 km。河沟密度 1.09 km/km²。年平均流量 56.38 m³/s,年径流量 17.78 亿 m³。水力资源蕴藏量 3.48 万 kW。据镡坝水文站实测最大洪峰流量为 5020 m³/s(1984 年 8 月)。年平均侵蚀模数 2290 t/km²,年输沙量 2191 万 t,是嘉陵江泥沙的主要来源。

3.4.2　暴雨洪涝灾害风险区划图谱

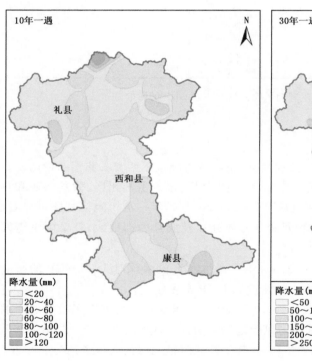

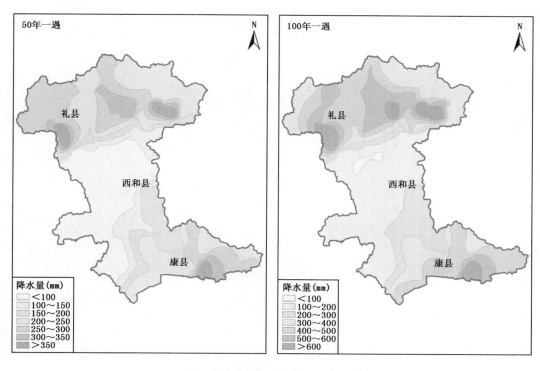

图 3-14　西汉水流域不同重现期面雨量分布图

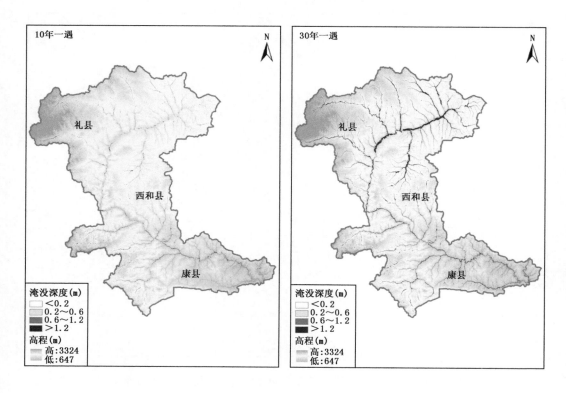

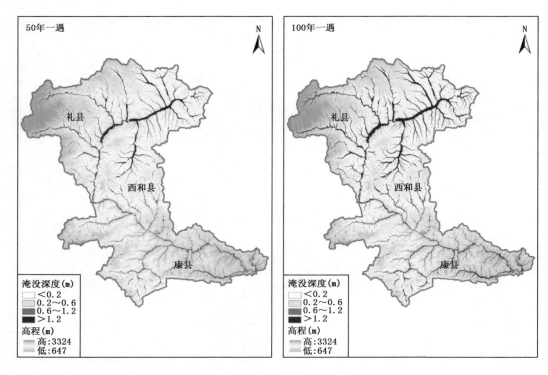

图 3-15　西汉水流域不同重现期风险区划图

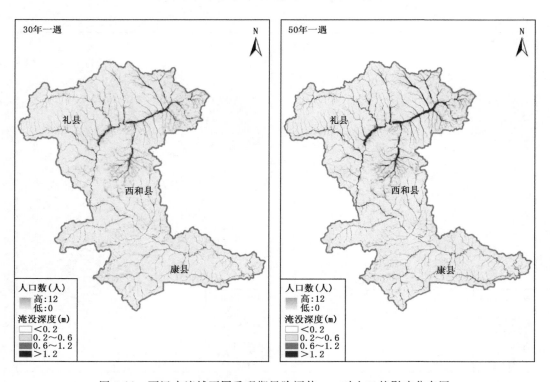

图 3-16　西汉水流域不同重现期风险评估——对人口的影响分布图

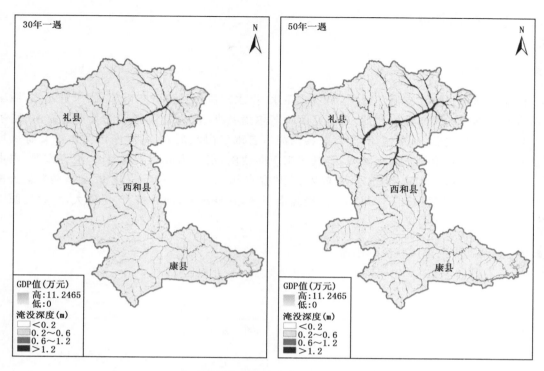

图 3-17　西汉水流域不同重现期风险评估——对 GDP 的影响分布图

3.4.3　风险分析

西汉水流域自北向南流经礼县、秦州区、西和县、成县、康县和武都区。流域西部和北部高于东部和南部,海拔 647～3324 m。根据图 3-14 分析,水流由西和县分别汇聚至礼县东部和康县。根据图 3-15 西汉水流域 T(10、30、50、100)年一遇风险区划图可以看出,10 年一遇暴雨诱发的洪水灾害风险区域只有零星的分布,30 年、50 年和 100 年一遇的暴雨洪涝灾害风险区域主要分布在礼县和西和县的低洼处,且年限越大,风险区域范围越大,淹没水深越高。

根据图 3-16、图 3-17 西汉水流域 T(30、50)年一遇洪水淹没水深对人口、GDP 的影响分布图可知,流域所在秦州区、礼县和西和县境内的人口密度和 GDP 密度较大。

经数据分析,西汉水流域内人口总数约为 1.8 万,30 年一遇暴雨洪涝灾害风险区域内的人口数约为 1.5 万,占人口总数的 83%,其中高风险范围内的人口数约为 0.7 万;50 年一遇风险范围内的人口数约为 1.6 万,占人口总数的 89%,其中高风险范围内的人口数约为 1.1 万。

西汉水流域 GDP 总值约为 2 亿元,其中 30 年一遇暴雨洪涝灾害风险区域内的 GDP 约为 1.6 亿元,占 GDP 总值的 80%,属于高风险范围内的 GDP 约为 0.8 亿元;50 年一遇风险区域内的 GDP 约为 1.7 亿元,占 GDP 总值的 85%,属于高风险范围内的 GDP 约为 1.1 亿元。

3.5　白龙江流域

3.5.1　流域概况

白龙江属于嘉陵江支流。曾用名桓水、羌水、白水。位于甘肃省东南部,四川省北部,源于甘肃省碌曲县西的郭尔莽梁北麓,东流经四川若尔盖县北,复入甘肃省迭部县汇达拉曲、脂子曲。再东流入舟曲后,转东南流,至宕昌县两河口有岷江由北汇入,到陇南市两水镇又有拱坝河从西注入。再东南过陇南市城南,至透防街折向西南,汇羊汤河后又东南流,汇五库河、白水江、让水河,经碧口水库,至雄子沟东入四川省青川县,再东南至昭化北入嘉陵江,全长552 km,甘肃境内流程长约475 km。流经陇南山区,森林茂密,河谷狭窄,比降大,水力资源丰富。

3.5.2　暴雨洪涝灾害风险区划图谱

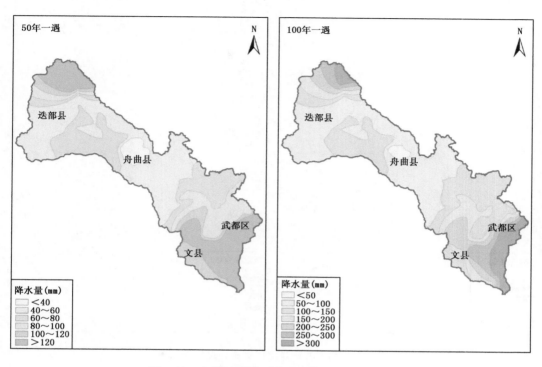

图 3-18　白龙江流域不同重现期面雨量分布图

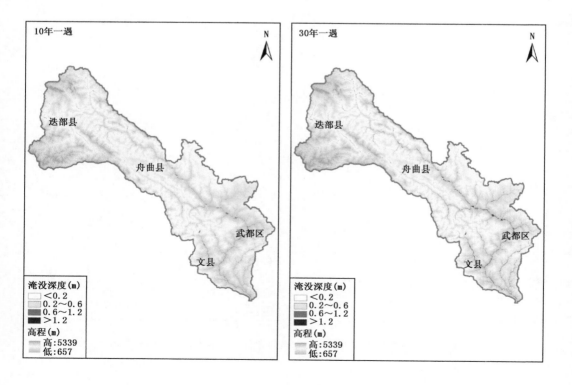

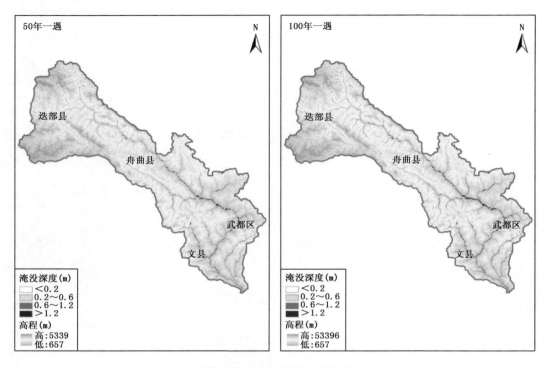

图 3-19　白龙江流域不同重现期风险区划图

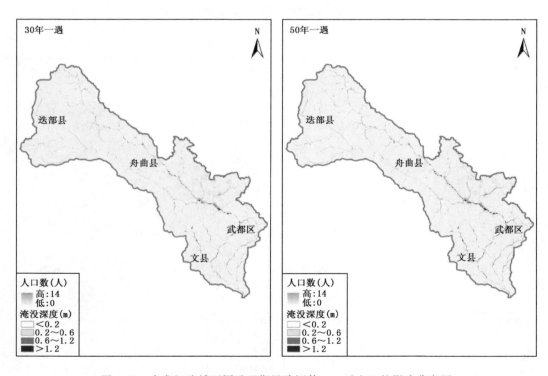

图 3-20　白龙江流域不同重现期风险评估——对人口的影响分布图

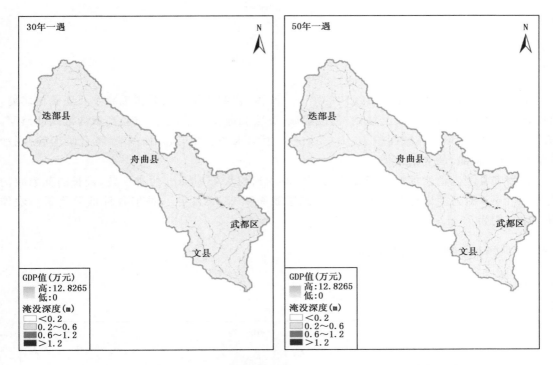

图 3-21　白龙江流域不同重现期风险评估——对 GDP 的影响分布图

3.5.3　风险分析

白龙江流域由西北向东南流经迭部县、舟曲县、宕昌县、武都区和文县。流域海拔 657~5339 m。根据图 3-18 分析,地势由西南向东北倾斜。根据图 3-19 白龙江流域 T(10、30、50、100)年一遇风险区划图可以看出,10 年一遇暴雨诱发的洪水灾害风险区域范围较小,基本分布在武都区境内,30 年、50 年和 100 年一遇的暴雨洪涝灾害风险区域在各县内均有分布,但在武都区境内风险区域范围最大,且随着年限的增大,风险区域范围逐步扩大。

根据图 3-20、图 3-21 白龙江流域 T(30、50)年一遇洪水淹没水深对人口、GDP 的影响分布图可知,流域所在舟曲县和武都区境内的人口密度和 GDP 密度较大。

经数据分析,白龙江流域内人口总数约为 73 万,30 年一遇暴雨洪涝灾害风险区域内的人口数约为 1 万,占人口总数的 1%,其中高风险范围内的人口数约为 0.3 万;50 年一遇风险范围内的人口数约为 1.5 万,占人口总数的 2%,其中高风险范围内的人口数约为 0.5 万。

白龙江流域 GDP 总值约为 53.8 亿元,其中 30 年一遇暴雨洪涝灾害风险区域内的 GDP 约为 1 亿元,占 GDP 总值的 2%,属于高风险范围内的 GDP 约为 0.3 亿元;50 年一遇风险区域内的 GDP 约为 1.6 亿元,占 GDP 总值的 3%,属于高风险范围内的 GDP 约为 0.5 亿元。

3.6　清水河流域

3.6.1　流域概况

　　清水河是葫芦河天水秦安县境内的第一大支流,发源于张家川县张棉驿乡石庙子村北麓,自陇城镇杨家河村进入秦安县境内,流经陇城、五营和莲花乡后,于静宁县高家沟汇入葫芦河。清水河全长 81.5 km,流域面积 1631.03 km²。因河水源头出自陇山,多流经石质沟谷,泥沙含量小,流水清澈,故名清水河。

　　在秦安县境内清水河有一级支流 17 条,其中河长大于 10 km 的有 5 条,最长的苏家峡沟长为 19 km。沿河两岸均可自流灌溉,干流灌溉面积 2.03 万亩*,种植各种瓜果蔬菜和农作物。冰凌期为 75 d。

3.6.2　暴雨洪涝灾害风险区划图谱

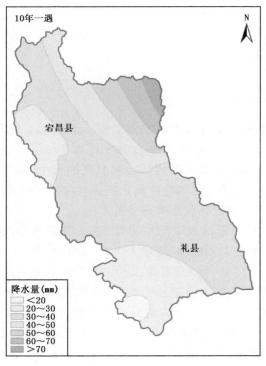
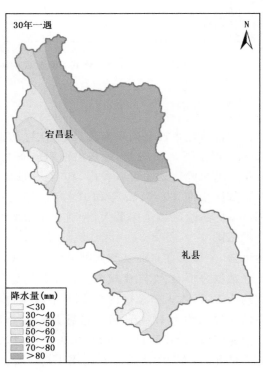

---

　　*　1 亩＝1/15 hm²,下同。

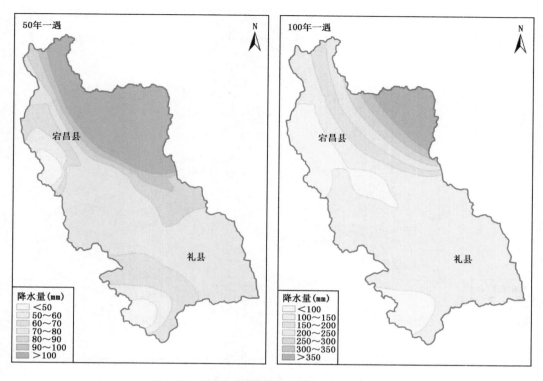

图 3-22　清水河流域不同重现期面雨量分布图

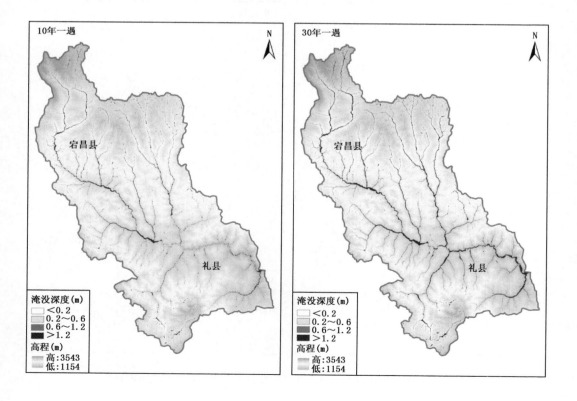

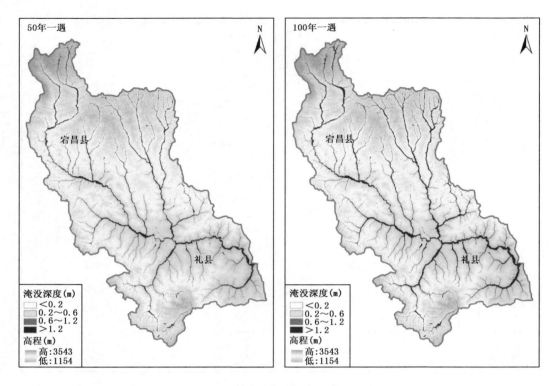

图 3-23 清水河流域不同重现期风险区划图

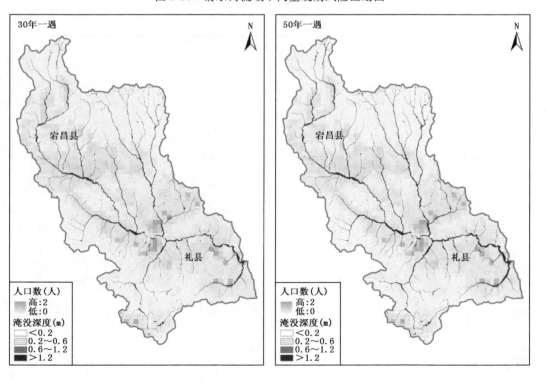

图 3-24 清水河流域不同重现期风险评估——对人口的影响分布图

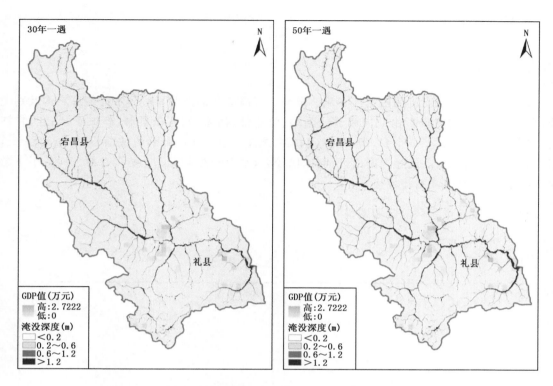

图 3-25　清水河流域不同重现期风险评估——对 GDP 的影响分布图

3.6.3　风险分析

清水河流域位于陇南市,流经宕昌县和礼县。根据图 3-22 分析,流域降水量由东北向西南递减,地势北部、西部和西南部高,东南低,流域海拔 1154～3543 m。根据图 3-23 清水河流域 T(10、30、50、100)年一遇风险区划图可以看出,10 年一遇暴雨诱发的洪水灾害风险区域集中在宕昌县境内,礼县境内只有零星分布,随着暴雨洪涝灾害年限的增长,宕昌县和礼县境内的暴雨洪涝灾害风险区域以河谷地区为中线向两侧扩张。

根据图 3-24、图 3-25 清水河流域 T(30、50)年一遇洪水淹没水深对人口、GDP 的影响分布图可知,流域所在礼县境内的人口密度和 GDP 密度较宕昌县更大。

经数据分析,清水河流域内人口总数约为 0.2 万,30 年一遇暴雨洪涝灾害风险区域内的人口数约为 0.14 万,占人口总数的 70%,其中高风险范围内的人口数约为 0.05 万;50 年一遇风险范围内的人口数约为 0.15 万,占人口总数的 75%,其中高风险范围内的人口数约为 0.07 万。

清水河流域 GDP 总值约为 450 万元,其中 30 年一遇暴雨洪涝灾害风险区域内的 GDP 约为 350 万元,占 GDP 总值的 78%,属于高风险范围内的 GDP 约为 120 万元;50 年一遇风险区域内的 GDP 约为 400 万元,占 GDP 总值的 89%,属于高风险范围内的 GDP 约为 190 万元。

3.7 岷江流域

3.7.1 流域概况

岷江属于嘉陵江支流的白龙江支流。发源于宕昌县北部南北秦岭分水岭的红岩沟及别龙沟,全程均在宕昌县境内,由北向南流经阿坞、哈达铺、何家堡、宕昌县城、新城子、临江、甘江头、官亭、秦峪、化马等 10 个乡,于两河口汇入白龙江。全长 100 km,流域面积 2261.62 km²,年径流量 6.07 亿 m³。流经陇南山区,河床比较大,水力资源丰富。上游多森林、草原;中下游河谷两岸陡峭,常有泥石流发生。

3.7.2 暴雨洪涝灾害风险区划图谱

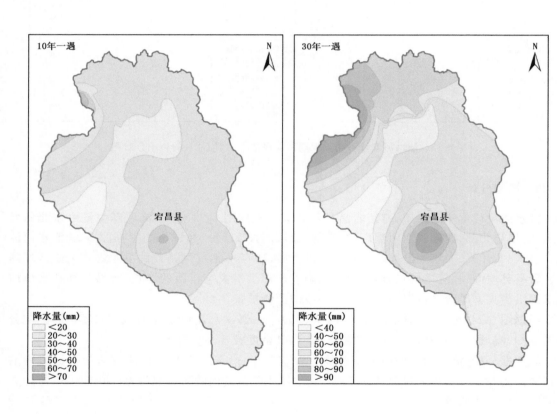

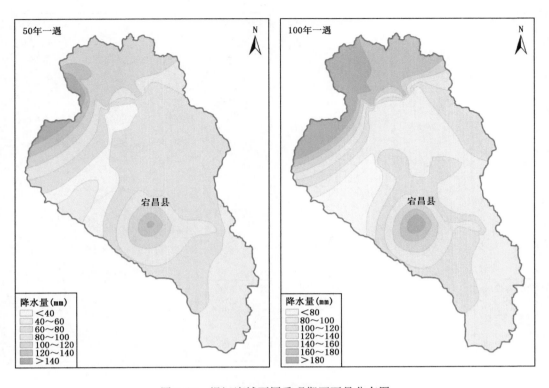

图 3-26　岷江流域不同重现期面雨量分布图

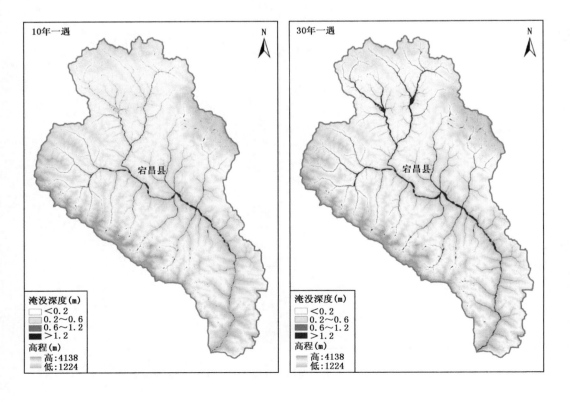

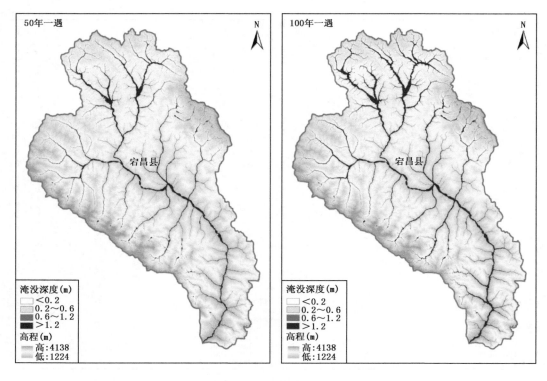

图 3-27 岷江流域不同重现期风险区划图

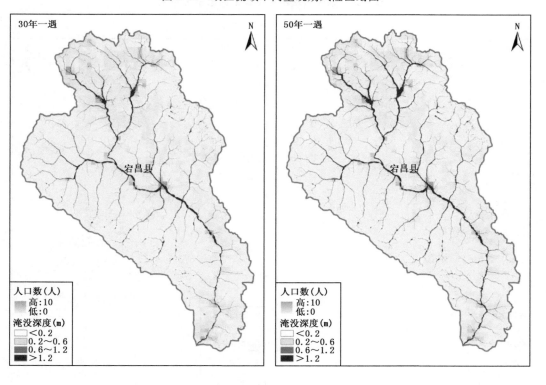

图 3-28 岷江流域不同重现期风险评估——对人口的影响分布图

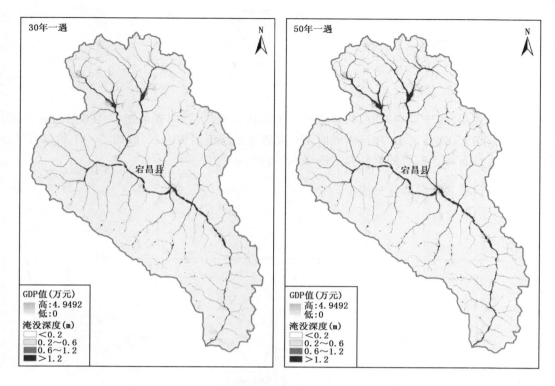

图 3-29　岷江流域不同重现期风险评估——对 GDP 的影响分布图

3.7.3　风险分析

岷江流域位于陇南市宕昌县西北部，流域海拔 1224～4138 m，地形地貌复杂，沟壑纵横，北部多为黄土梁峁。根据图 3-26 分析，地势由西北向东南倾斜，水流由西北向东南汇聚。根据图 3-27 岷江流域 T(10、30、50、100)年一遇风险区划图可以看出，10 年一遇暴雨诱发的洪水灾害风险区域主要分布在流域中部，随着暴雨洪涝灾害年限的增长，暴雨洪涝灾害风险区域以河谷地区为中线向两侧扩张且遍布整个流域。

根据图 3-28、图 3-29 岷江流域 T(30、50)年一遇洪水淹没水深对人口、GDP 的影响分布图可知，流域内的人口密度和 GDP 密度较大处为西北部地区，且恰处于暴雨洪涝灾害风险较大区域内。

经数据分析，岷江流域内人口总数约为 0.40 万，30 年一遇暴雨洪涝灾害风险区域内的人口数约为 0.33 万，占人口总数的 83%，其中高风险范围内的人口数约为 0.16 万；50 年一遇风险范围内的人口数约为 0.35 万，占人口总数的 88%，其中高风险范围内的人口数约为 0.22 万。

岷江流域 GDP 总值约为 0.23 亿元，其中 30 年一遇暴雨洪涝灾害风险区域内的 GDP 约为 0.19 亿元，占 GDP 总值 83%，属于高风险范围内的 GDP 约为 0.10 亿元；50 年一遇风险区域内的 GDP 约为 0.20 亿元，占 GDP 总值 87%，属于高风险范围内的 GDP 约为 0.14 亿元。

3.8 黄河(玛曲段)流域

3.8.1 流域概况

黄河(玛曲段)属于黄河干流,从青海省的久治县入境,由西向东流至文保滩后向北流,因受西倾山的阻挡又朝西流去,在玛曲境内 180 度转弯后又流回青海省,形成了一个状如"U"形弯曲,成为九曲黄河十八弯的第一弯。流域面积为 11097.40 km²。

3.8.2 暴雨洪涝灾害风险区划图谱

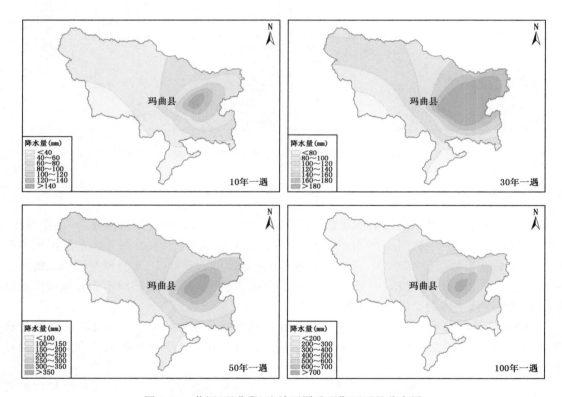

图 3-30 黄河(玛曲段)流域不同重现期面雨量分布图

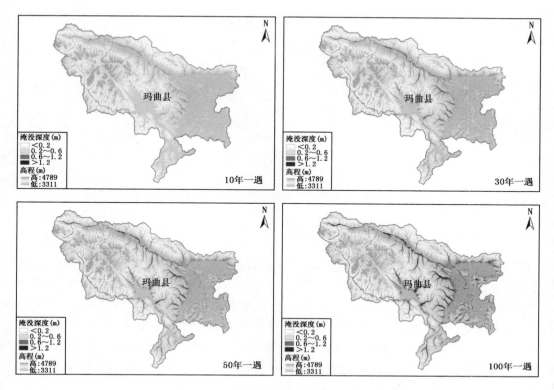

图 3-31　黄河(玛曲段)流域不同重现期风险区划图

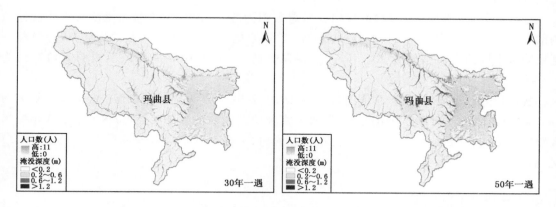

图 3-32　黄河(玛曲段)流域不同重现期风险评估——对人口的影响分布图

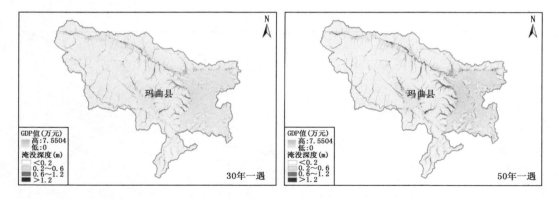

图 3-33　黄河(玛曲段)流域不同重现期风险评估——对 GDP 的影响分布图

3.8.3　风险分析

黄河(玛曲段)流域位于甘南藏族自治州西南部玛曲县,流域内冷季长达三百多天,暖季仅有五十天左右,雨水主要集中在东部。流域海拔 3311～4789 m,属于高海拔地区,地势西北高,东南低,东南为黄河二级阶地,地表平坦。根据图 3-30 分析,暴雨洪涝灾害风险区域主要分布在流域北部和中部地势高、低过渡地带。根据图 3-31 黄河(玛曲段)流域 T(10、30、50、100)年一遇风险区划图可以看出,流域东南部,在 10 年一遇暴雨洪涝灾害中基本无高风险区域,30 年一遇和 50 年一遇有小范围高风险区域,至 100 年一遇高风险区域稍为明显,但仍是无风险、低风险、中风险范围居多。

根据图 3-32、图 3-33 黄河(玛曲段)流域 T(30、50)年一遇洪水淹没水深对人口、GDP 的影响分布图可知,流域内的人口密度和 GDP 密度较大处为东部地区。

经数据分析,黄河(玛曲段)流域内人口总数约为 6 万,30 年一遇暴雨洪涝灾害风险区域内的人口数约为 1.7 万,占人口总数的 28%,其中高风险范围内的人口数约为 0.6 万;50 年一遇风险范围内的人口数约为 2.1 万,占人口总数的 35%,其中高风险范围内的人口数约为 0.7 万。

黄河(玛曲段)流域 GDP 总值约为 10.4 亿元,其中 30 年一遇暴雨洪涝灾害风险区域内的 GDP 约为 2 亿元,占 GDP 总值的 19%,属于高风险范围内的 GDP 约为 0.8 亿元;50 年一遇风险区域内的 GDP 约为 2.5 亿元,占 GDP 总值的 24%,属于高风险范围内的 GDP 约为 1.1 亿元。

3.9　达溪河流域

3.9.1　流域概况

达溪河位于甘肃省灵台县境内,属于泾河的二级支流,发源于崇信县的宰相庄,至灵台县境内有 32 条较大支流汇入。流域平均海拔在 890～1520 m,为典型的黄土高原沟壑区地貌特征。河流全长 127 km,流域面积 2528.20 km²。达溪河是灵台境内最长、最大的河流,周秦时代谓之黑水,明代始称达溪。

3.9.2　暴雨洪涝灾害风险区划图谱

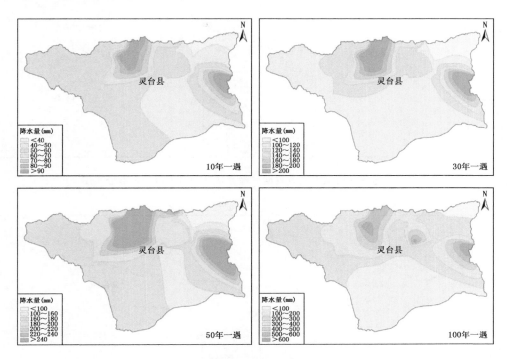

图 3-34　达溪河流域不同重现期面雨量分布图

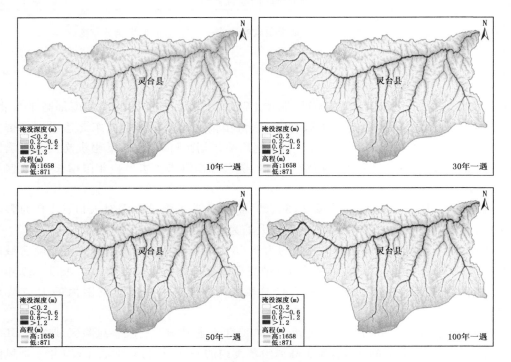

图 3-35　达溪河流域不同重现期风险区划图

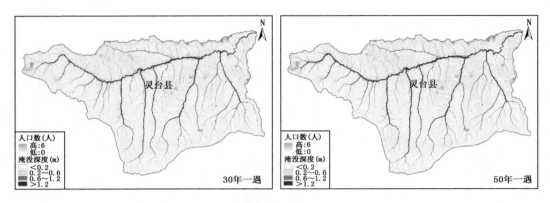

图 3-36　达溪河流域不同重现期风险评估——对人口的影响分布图

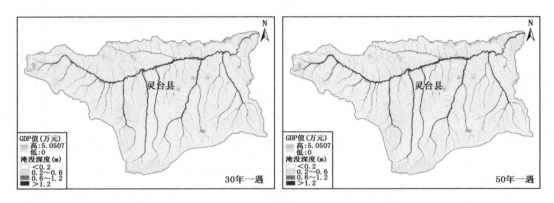

图 3-37　达溪河流域不同重现期风险评估——对 GDP 的影响分布图

3.9.3　风险分析

　　达溪河流域位于平凉市灵台县南部,属黄土高原沟壑区,地势西北部和南部高于东北部,降水量由东南向西北递减,根据图 3-34 分析,水流由南和西南沿山谷向东北达溪河汇聚。根据图 3-35 达溪河流域 T(10、30、50、100)年一遇风险区划图可以看出,暴雨洪涝灾害风险区域主要分布在流域内山谷及北部达溪河沿岸地区,随着暴雨洪涝灾害发生年限增长,风险区域逐渐扩大,淹没深度逐渐加深。

　　根据图 3-36、图 3-37 达溪河流域 T(30、50)年一遇洪水淹没水深对人口、GDP 的影响分布图可知,流域内的人口密度和 GDP 密度较大处为北部达溪河沿岸地区。

　　经数据分析,达溪河流域内人口总数约为 0.28 万,30 年一遇暴雨洪涝灾害风险区域内的人口数约为 0.21 万,占人口总数的 75%,其中高风险范围内的人口数约为 0.08 万;50 年一遇风险范围内的人口数约为 0.23 万,占人口总数的 82%,其中高风险范围内的人口数约为 0.11 万。

　　达溪河流域 GDP 总值约为 0.5 亿元,其中 30 年一遇暴雨洪涝灾害风险区域内的 GDP 约为 0.3 亿元,占 GDP 总值的 60%,属于高风险范围内的 GDP 约为 0.1 亿元;50 年一遇风险区域内的 GDP 约为 0.4 亿元,占 GDP 总值的 80%,属于高风险范围内的 GDP 约为 0.2 亿元。

3.10　马连河流域

3.10.1　流域概况

马连河发源于宁夏回族自治区盐池县东南部麻黄山,河源高程 1797 m,由北向南流,上游称环江。流经盐池、环县、庆阳、合水、宁县等县,于宁县政平注入泾河,河口高程为 886 m,全长374.8 km,河道平均比降 1.35‰,流域面积 19086 km²,平均径流量 4.694 亿 m³。流域植被稀少,流经黄土丘陵沟壑区和黄土高原沟壑区,土质疏松,水土流失严重,是泾河泥沙的主要来源区。洪水多集中在 7 月和 8 月,水量占全年总水量51%,暴涨陡落,年平均输沙量 1.31 亿 t。

3.10.2　暴雨洪涝灾害风险区划图谱

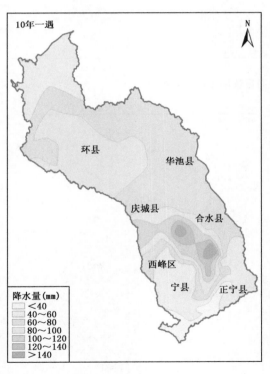

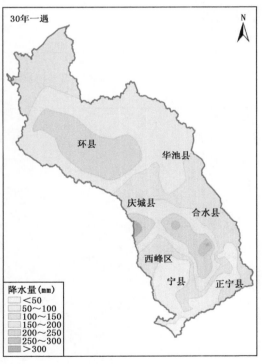

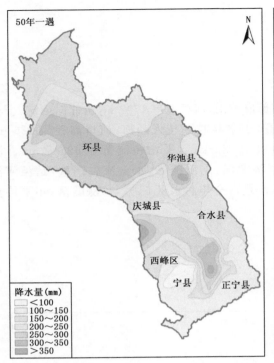 

图 3-38　马连河流域不同重现期面雨量分布图

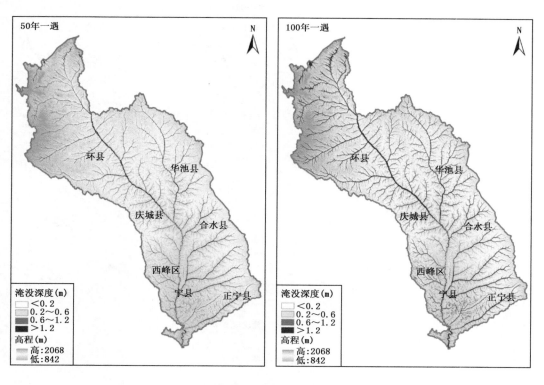

图 3-39　马连河流域不同重现期风险区划图

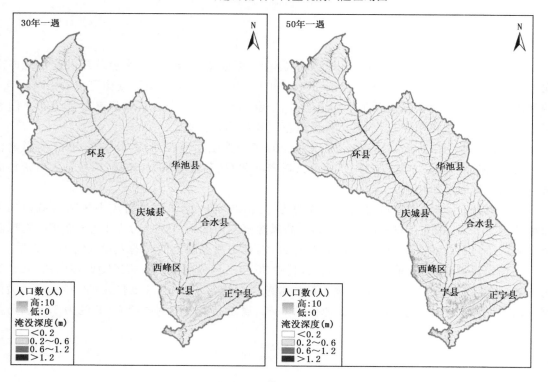

图 3-40　马连河流域不同重现期风险评估——对人口的影响分布图

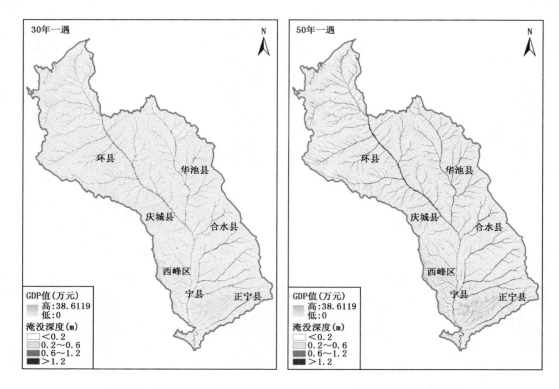

图 3-41　马连河流域不同重现期风险评估——对 GDP 的影响分布图

3.10.3　风险分析

马连河流域海拔 842～2068 m,地势北高南低,根据图 3-38 分析,水流从环县起由北向南向各县汇聚。根据图 3-39 马连河流域 T(10、30、50、100)年一遇风险区划图可以看出,10 年一遇暴雨洪涝灾害风险区域主要集中在正宁县、宁县、合水县,其余各县均只有零星分布。随着暴雨洪涝灾害发生年限增长,各县风险区域范围均有明显扩大。

根据图 3-40、图 3-41 马连河流域 T(30、50)年一遇洪水淹没水深对人口、GDP 的影响分布图可知,流域所在正宁县、宁县、西峰区人口密度和 GDP 密度较大,环县、庆城县人口密集区域位于风险区域范围内。

经数据分析,马连河流域内人口总数约为 4 万,30 年一遇暴雨洪涝灾害风险区域内的人口数约为 2.9 万,占人口总数的 73%,其中高风险范围内的人口数约为 1.1 万;50 年一遇风险范围内的人口数约为 3.6 万,占人口总数的 90%,其中高风险范围内的人口数约为 1.7 万。

马连河流域 GDP 总值约为 9.8 亿元,其中 30 年一遇暴雨洪涝灾害风险区域内的 GDP 约为 7.2 亿元,占 GDP 总值的 73%,属于高风险范围内的 GDP 约为 3.3 亿元;50 年一遇风险区域内的 GDP 约为 8.7 亿元,占 GDP 总值的 89%,属于高风险范围内的 GDP 约为 5.1 亿元。

3.11 蒲河流域

3.11.1 流域概况

蒲河系黄河水系泾河的一级支流,发源于宁夏回族自治区固原市东部的天子墕,河源高程2000 m,由西向东流,行85 km汇入康家河后,转为东南流,流经固原、镇原、庆阳、宁县等,在宁县宋家坡附近注入泾河。河口高程932 m,河长204 km,甘肃省内流域面积4069.73 km²,河道平均比降2.76‰。

3.11.2 暴雨洪涝灾害风险区划图谱

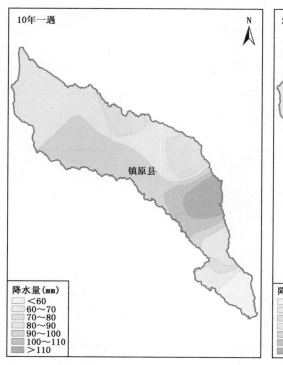
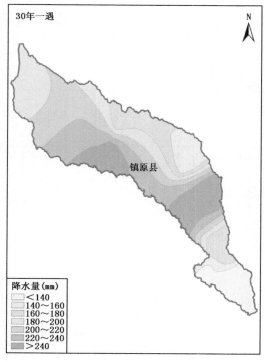

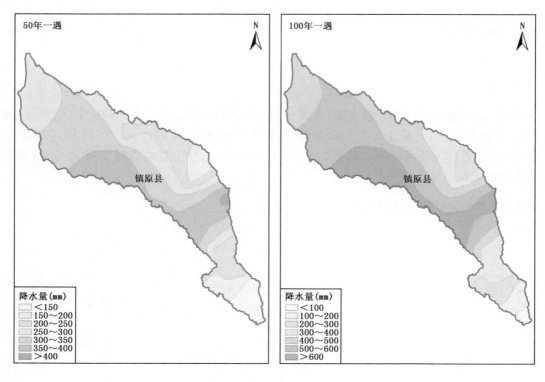

图 3-42 蒲河流域不同重现期面雨量分布图

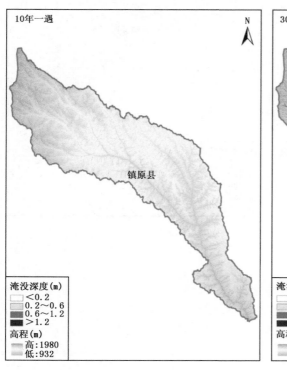

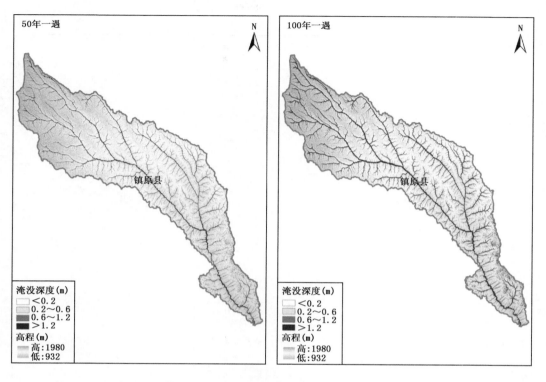

图 3-43　蒲河流域不同重现期风险区划图

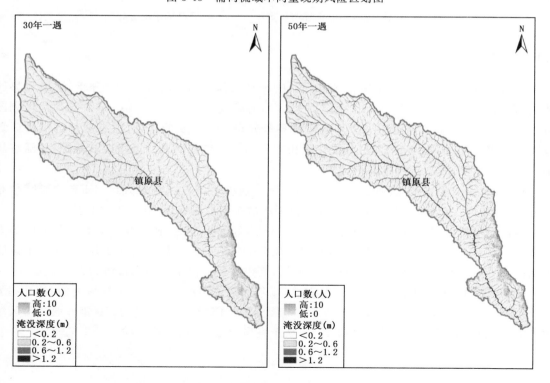

图 3-44　蒲河流域不同重现期风险评估——对人口的影响分布图

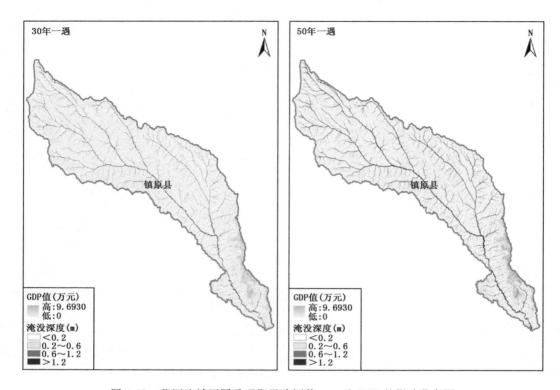

图 3-45　蒲河流域不同重现期风险评估——对 GDP 的影响分布图

3.11.3　风险分析

蒲河流域在甘肃境内流经环县、镇原县、庆城县、西峰区。根据图 3-42 分析,流域地势西北高,东南地,海拔 932～1980 m。根据图 3-43 蒲河流域 T(10、30、50、100)年一遇风险区划图可以看出,10 年一遇暴雨洪涝灾害风险区域零星分布于山谷及低洼处,没有明显的风险区划范围。30 年一遇暴雨洪涝风险区划图中沿山谷和河道沿岸有明显的风险区域范围,并随着暴雨洪涝灾害年限增长,范围逐渐扩大。

根据图 3-44、图 3-45 蒲河流域 T(30、50)年一遇洪水淹没水深对人口、GDP 的影响分布图可知,流域内人口密度和 GDP 密度较大位于流域东南的西峰区,其次为镇原县。

经数据分析,蒲河流域内人口总数约为 1.1 万,30 年一遇暴雨洪涝灾害风险区域内的人口数约为 0.9 万,占人口总数的 82%,其中高风险范围内的人口数约为 0.3 万;50 年一遇风险范围内的人口数约为 1 万,占人口总数的 91%,其中高风险范围内的人口数约为 0.5 万。

蒲河流域 GDP 总值约为 2.2 亿元,其中 30 年一遇暴雨洪涝灾害风险区域内的 GDP 约为 1.7 亿元,占 GDP 总值的 77%,属于高风险范围内的 GDP 约为 0.7 亿元;50 年一遇风险区域内的 GDP 约为 2 亿元,占 GDP 总值 91%,属于高风险范围内的 GDP 约为 1.1 亿元。

3.12　泾河流域

3.12.1　流域概况

　　泾河是渭河一级支流,也是黄河第一大支流渭河的第一大支流,即黄河二级支流。它发源于宁夏六盘山东麓,南源出于泾源县老龙潭,北源出于固原大湾镇,至平凉八里桥汇合,东流经平凉、泾川于杨家坪进入陕西长武县,再经政平、亭口、彬县、泾阳等,于高陵区崇皇街道办船张村注入渭河。泾河全长 455.1 km,流域面积 45421 km²。泾河干流河谷开阔,一般在 1 km 以上,平凉至泾川间,谷宽 2~3 km,川地平坦完整,有良好的灌溉条件。

　　由于河源至彬县断泾村为白垩系红色砂岩及第四系黄土,质地疏松,极易冲刷,再加秦汉后大量开垦,这里水土流失严重。据张家山站测定,泾河平均含沙量 141 kg/m³,每年有 3.1 亿 t 泥沙输入黄河,是输沙量最大的二级支流,水力资源丰富。自彬县早饭头村至泾阳张家山河段,沿途多跌降险滩,主要因为交替出现的砂页岩及灰岩地层,抗蚀力不同,形成许多瀑布急流,落差一般 3~7 m,具有丰富的水力资源,已建成了彬县断泾、永寿东方红等水电站。

3.12.2　暴雨洪涝灾害风险区划图谱

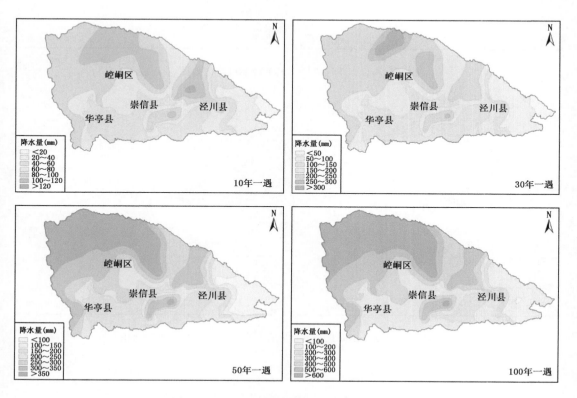

图 3-46　泾河流域不同重现期面雨量分布图

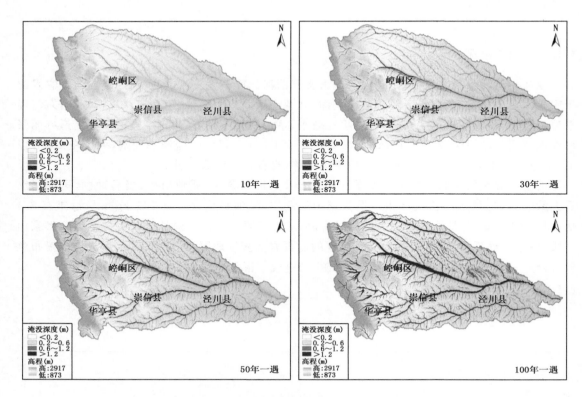

图 3- 47　泾河流域不同重现期风险区划图

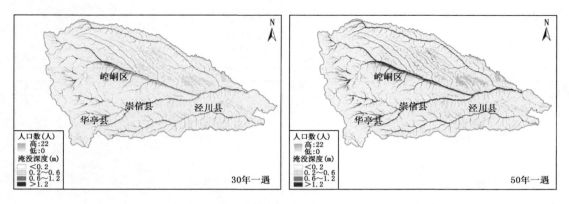

图 3-48　泾河流域不同重现期风险评估——对人口的影响分布图

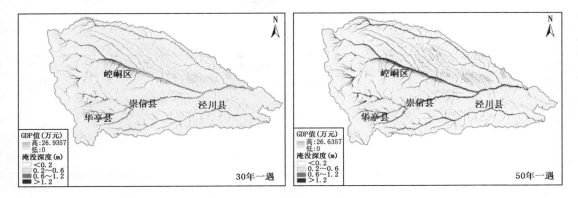

图 3-49 泾河流域不同重现期风险评估——对 GDP 的影响分布图

3.12.3 风险分析

泾河流域位于平凉市。根据图 3-46 分析,流域地势西高东低,海拔 873~2917 m。根据图 3-47 泾河流域 T(10、30、50、100)年一遇风险区划图可以看出,10 年一遇暴雨洪涝灾害风险区域集中在流域西部地势差异较大之处,中部与西部只有小范围风险区域分布,并不连片,且多为低风险和中风险区域。30 年一遇暴雨洪涝灾害风险区域在各县地势低洼处均有明显分布,50 年及 100 年一遇较 30 年一遇风险区域范围基础上有明显扩大,淹没程度更深。

根据图 3-48、图 3-49 泾河流域 T(30、50)年一遇洪水淹没水深对人口、GDP 的影响分布图可知,流域所在崆峒区、华亭县和泾川县皆为人口密度和 GDP 密度较大地区,尤其崆峒区和华亭县人口多、GDP 值大,且正位于风险区域范围内。

经数据分析,泾河流域内人口总数约为 4.1 万,30 年一遇暴雨洪涝灾害风险区域内的人口数约为 3.3 万,占人口总数的 80%,其中高风险范围内的人口数约为 1.4 万;50 年一遇风险范围内的人口数约为 3.8 万,占人口总数的 93%,其中高风险范围内的人口数约为 2.1 万。

泾河流域 GDP 总值约为 6.7 亿元,其中 30 年一遇暴雨洪涝灾害风险区域内的 GDP 约为 5.4 亿元,占 GDP 总值的 81%,属于高风险范围内的 GDP 约为 2.4 亿元;50 年一遇风险区域内的 GDP 约为 6.2 亿元,占 GDP 总值 93%,属于高风险范围内的 GDP 约为 3.5 亿元。

3.13 牛头河流域

3.13.1 流域概况

牛头河属渭河水系的一级支流,发源于清水县东南部山门镇的芦子滩,河长 84.6 km,流域面积 1923.47 km²,年平均流量 4.34 m³/s,年径流量 1.38 亿 m³,年平均输沙量 515 万 t,平均含沙量 37.4 kg/m³。河道平均比降 7.64‰,河源高程 2040 m,由南向北东流,行 16.1 km 至山门镇转向西流,经清水县城,在 48 km 处汇入后川河后又转为北西流,直至天水市北道埠柏林村东侧注入渭河,牛头河干流呈左拐弯马蹄形,所以主要支流均来自右岸,自上游到下游依次有汤峪河、樊河、后川河、白驼河、稠泥河。

3.13.2 暴雨洪涝灾害风险区划图谱

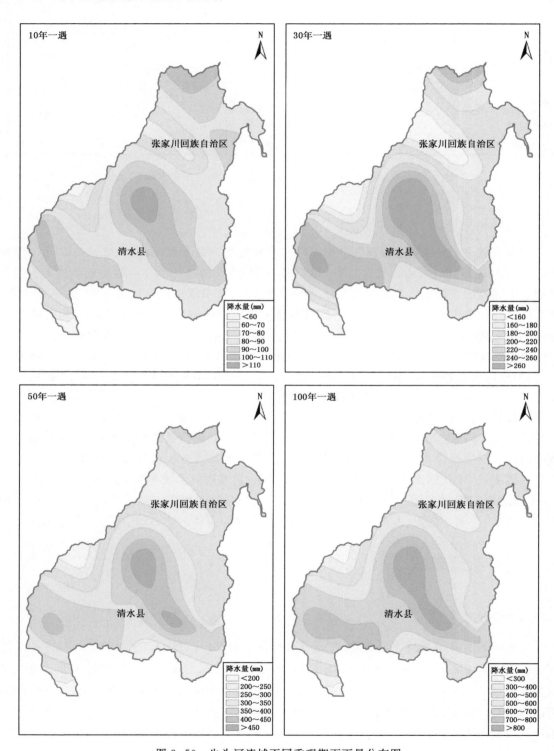

图 3-50 牛头河流域不同重现期面雨量分布图

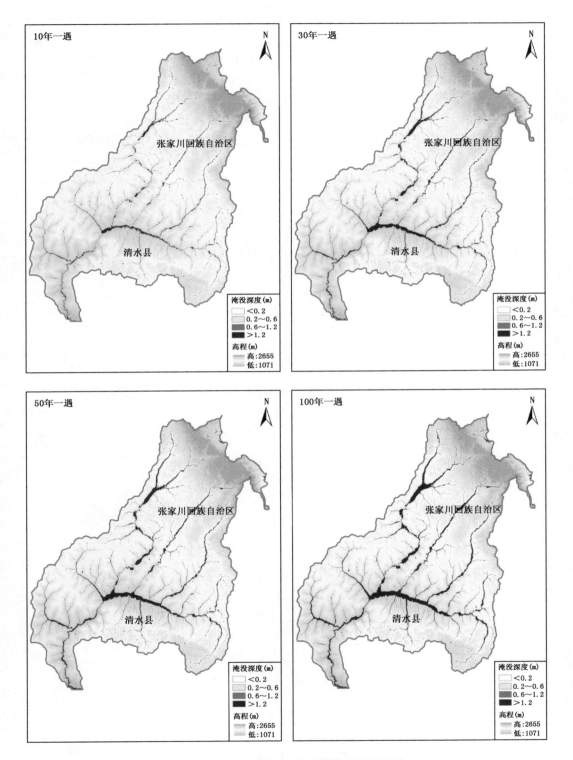

图 3-51　牛头河流域不同重现期风险区划图

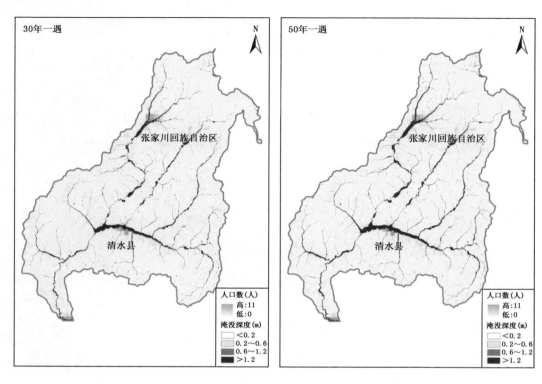

图 3-52　牛头河流域不同重现期风险评估——对人口的影响分布图

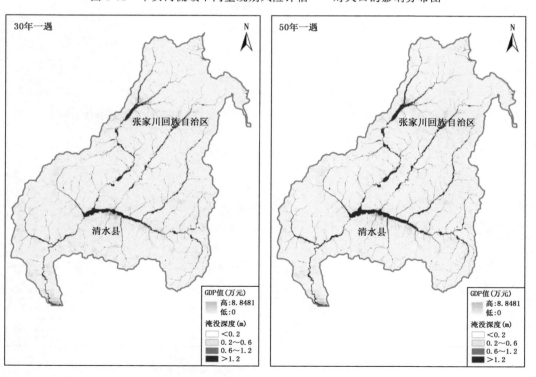

图 3-53　牛头河流域不同重现期风险评估——对 GDP 的影响分布图

3.13.3　风险分析

牛头河发源于清水县东南部的郭家垄上,向西北流经清水县城和张家川回族自治县东部。根据图 3-50 分析,牛头河流域地势东北高,西南低,海拔 1071～2655 m。根据图 3-51 牛头河流域 T(10、30、50、100)年一遇风险区划图可以看出,流域风险区域主要集中在清水县中部和张家川回族自治县中部,随着暴雨洪涝灾害年限增长,风险区域沿牛头河向两岸有明显扩大。

根据图 3-52、图 3-53 牛头河流域 T(30、50)年一遇洪水淹没水深对人口、GDP 的影响分布图可知,流域所在清水县和张家川回族自治区人口密度和 GDP 密度较大地区位于流域风险区域范围及淹没深度较大区域,暴雨洪涝灾害极易危害到河岸两侧的城镇。

经数据分析,牛头河流域内人口总数约为 42.5 万,30 年一遇暴雨洪涝灾害风险区域内的人口数约为 6.5 万,占人口总数的 15%,其中高风险范围内的人口数约为 4.8 万;50 年一遇风险范围内的人口数约为 7.8 万,占人口总数的 18%,其中高风险范围内的人口数约为 6.1 万。

牛头河流域 GDP 总值约为 23.7 亿元,其中 30 年一遇暴雨洪涝灾害风险区域内的 GDP 约为 4.3 亿元,占 GDP 总值的 18%,属于高风险范围内的 GDP 约为 3.2 亿元;50 年一遇风险区域内的 GDP 约为 5.1 亿元,占 GDP 总值 22%,属于高风险范围内的 GDP 约为 4 亿元。

3.14　水洛河流域

3.14.1　流域概况

水洛河发源于六盘山山地,河长 92 km,流域面积为 1789.34 km^2,海拔 2849 m,高海拔区域位于庄浪县境内。地形由东北向西南倾斜,北有水洛北山,南有旗鼓山,于万全镇流入葫芦河后注入渭河。

3.14.2　暴雨洪涝灾害风险区划图谱

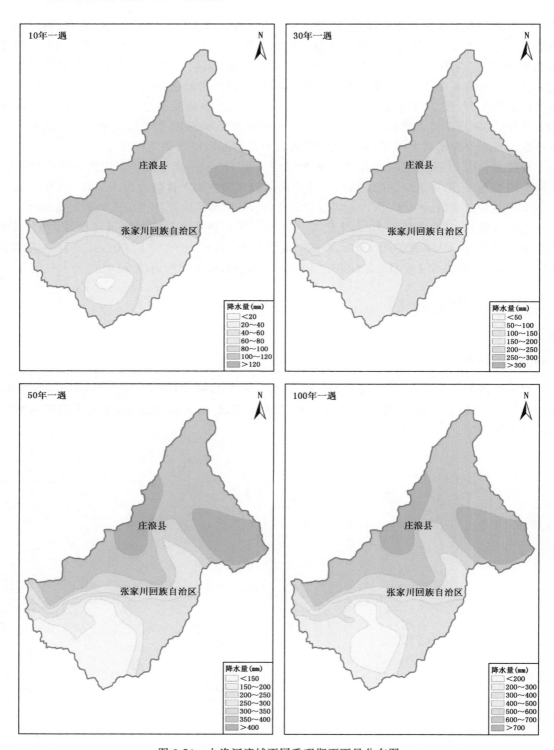

图 3-54　水洛河流域不同重现期面雨量分布图

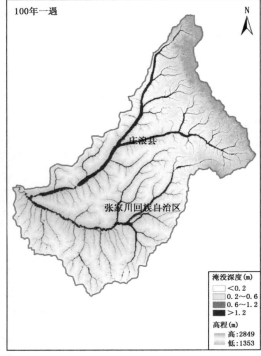

图 3-55　水洛河流域不同重现期风险区划图

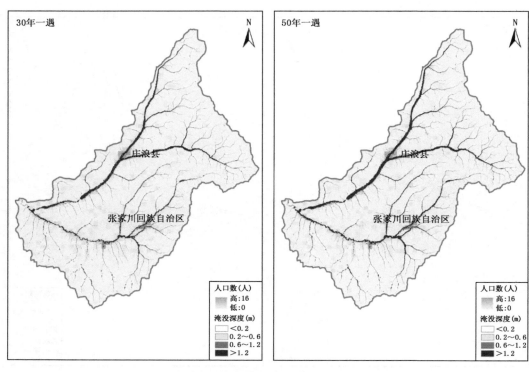

图 3-56 水洛河流域不同重现期风险评估——对人口的影响分布图

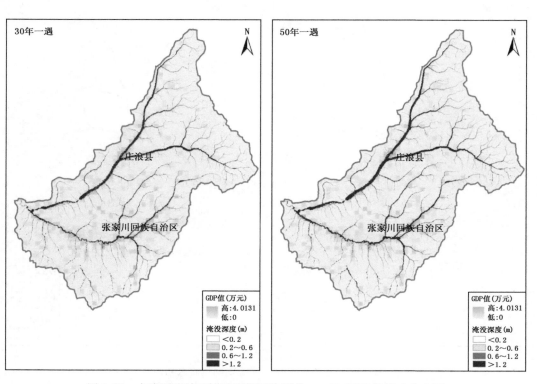

图 3-57 水洛河流域不同重现期风险评估——对 GDP 的影响分布图

3.14.3　风险分析

水洛河流域主要涉及庄浪县东南部、张家川回族自治县西北部以及秦安县东北部。根据图 3-54 分析,流域地势东北高,西南地,高海拔区域位于庄浪县境内,流域海拔 1353～2849 m。根据图 3-55 水洛河流域 T(10、30、50、100)年一遇风险区划图可以看出,10 年一遇暴雨洪涝灾害风险区域主要集中在庄浪县境内。30 年、50 年及 100 年一遇风险区域各县均有明显分布,但庄浪县境内范围更大。

根据图 3-56、图 3-57 水洛河流域 T(30、50)年一遇洪水淹没水深对人口、GDP 的影响分布图可知,流域所在各县人口密度和 GDP 密度都较高,但庄浪县和张家川回族自治县人口更密,GDP 值更大。

经数据分析,水洛河流域内人口总数约为 61.6 万,30 年一遇暴雨洪涝灾害风险区域内的人口数约为 10.4 万,占人口总数的 17%,其中高风险范围内的人口数约为 7.2 万;50 年一遇风险范围内的人口数约为 12.2 万,占人口总数的 20%,其中高风险范围内的人口数约为 9 万。

水洛河流域 GDP 总值约为 28.2 亿元,其中 30 年一遇暴雨洪涝灾害风险区域内的 GDP 约为 4.5 亿元,占 GDP 总值的 16%,属于高风险范围内的 GDP 约为 3.1 亿元;50 年一遇风险区域内的 GDP 约为 5.3 亿元,占 GDP 总值 19%,属于高风险范围内的 GDP 约为 3.9 亿元。

3.15　葫芦河流域

3.15.1　流域概况

葫芦河古称瓦亭水、陇水,发源于宁夏南部月亮山南麓,由北往南,途经宁夏回族自治区西吉县、隆德县以及甘肃省境内静宁县、庄浪县、秦安县,最后在甘肃省天水市附近注入渭河,是渭河上游一支较大支流。流域属高黄土梁地貌类型,黄土梁相对高度达 200 m 以上。东北段呈丹霞地貌,北高南低,东高西低,河流阶地发育,河床蜿蜒曲折,宽窄悬殊,形如葫芦,故得名。北面发源地河床海拔高 1950 m,南面入渭河处海拔为 1130 m。葫芦河支流众多,主要支流有马莲川、唐家河、十字路河、好水河、渝河等,河长 300.6 km,河道平均比降 2.93‰,年平均径流量 3.644 亿 m³。

3.15.2   暴雨洪涝灾害风险区划图谱

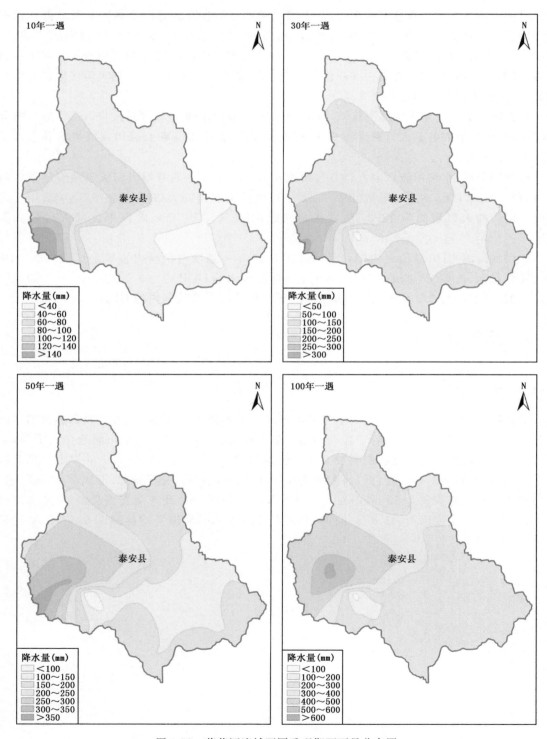

图 3-58   葫芦河流域不同重现期面雨量分布图

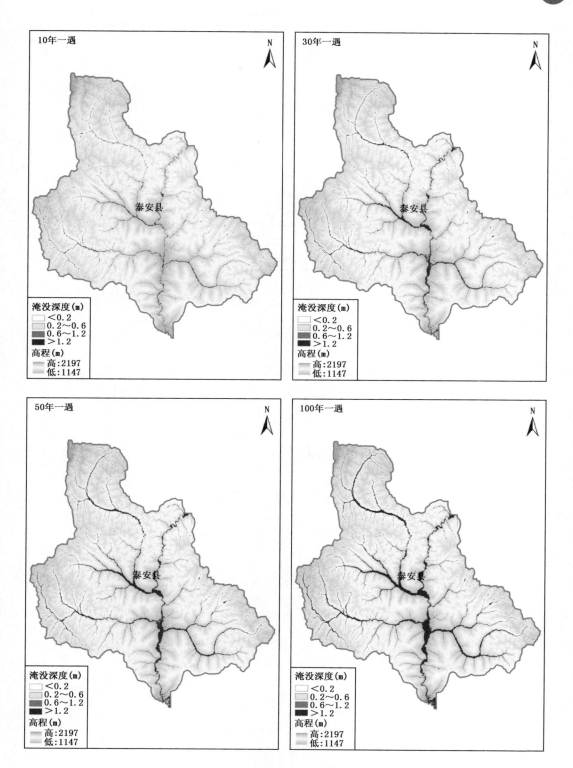

图 3-59 葫芦河流域不同重现期风险区划图

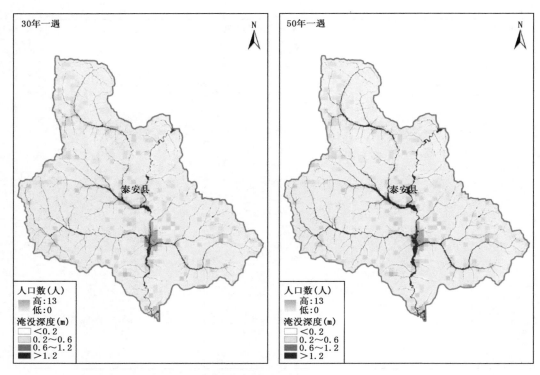

图 3-60 葫芦河流域不同重现期风险评估——对人口的影响分布图

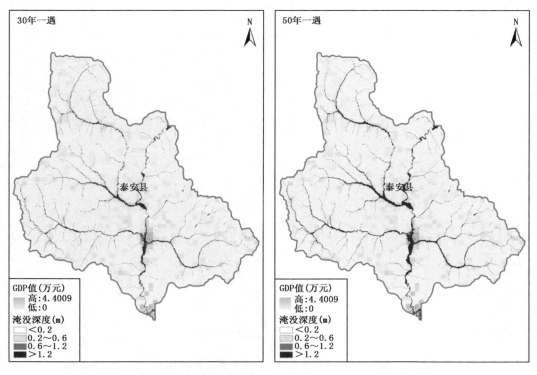

图 3-61 葫芦河流域不同重现期风险评估——对 GDP 的影响分布图

3.15.3 风险分析

葫芦河流域主要位于秦安县,小部分流域位于通渭县和甘谷县,约占流域 80% 面积的秦安县属陇中南部温带半温润气候,正常年景年平均降水量 507 mm。秦安县位于陇中黄土高原西部梁峁沟壑区,山多川少,是甘肃省十八个干旱县之一。流域海拔 1147~2197 m,地势东、西两侧高,中间低。根据图 3-58 分析,水流由秦安县东南部汇聚至秦安县西北部。根据图 3-59 葫芦河流域 T(10、30、50、100)年一遇风险区划图可以看出,流域暴雨洪涝灾害风险区域主要集中在秦安县境内,10 年一遇风险区划为低风险和中风险居多,30 年、50 年及 100 年一遇风险区域范围逐渐扩大,其中高风险占主导地位。

根据图 3-60、图 3-61 葫芦河流域 T(30、50)年一遇洪水淹没水深对人口、GDP 的影响分布图可知,整个流域的人口密度和 GDP 密度都较大,暴雨洪涝灾害的发生会带来较为严重的损失。

经数据分析,葫芦河流域内人口总数约为 59 万,30 年一遇暴雨洪涝灾害风险区域内的人口数约为 5.5 万,占人口总数的 9%,其中高风险范围内的人口数约为 3.6 万;50 年一遇风险范围内的人口数约为 7.5 万,占人口总数的 13%,其中高风险范围内的人口数约为 5.6 万。

葫芦河流域 GDP 总值约为 30.3 亿元,其中 30 年一遇暴雨洪涝灾害风险区域内的 GDP 约为 3 亿元,占 GDP 总值的 10%,属于高风险范围内的 GDP 约为 2 亿元;50 年一遇风险区域内的 GDP 约为 4.3 亿元,占 GDP 总值 14%,属于高风险范围内的 GDP 约为 3.2 亿元。

3.16 籍河流域

3.16.1 流域概况

籍河为渭河一级支流,又称耤河,发源于甘肃省天水市秦州区和甘谷县交界处的龙台山景东梁东麓,东流经天水市城区,至麦积区北道埠峡口汇入渭河。流域面积 1657.82 km²,年平均流量 4.12 m³/s,年径流量 1.3 亿 m³,年平均悬移质输沙量 473.4 万 t,平均含沙量 36.4 kg/m³,河道平均比降 12‰,自然落差 1517 m,流域地形西高东低,海拔在 1193~2710 m。支流不对称分布,多来自南侧。

籍河流域地处副热带气候区,但与秦岭山地和陇中黄土高原有所差异,属半湿润气候,年平均气温 10.5 ℃,1 月最低 −3.0 ℃,7 月最高 22.5 ℃。年降水量 580 mm,无霜期 180 d 左右。籍河流域属黄土峁梁沟壑区,水土流失较严重,年平均侵蚀模数 4650 t/km²。天水城区左岸支流罗峪河侵蚀尤重,常发生滑坡、泥石流等自然灾害。

3.16.2 暴雨洪涝灾害风险区划图谱

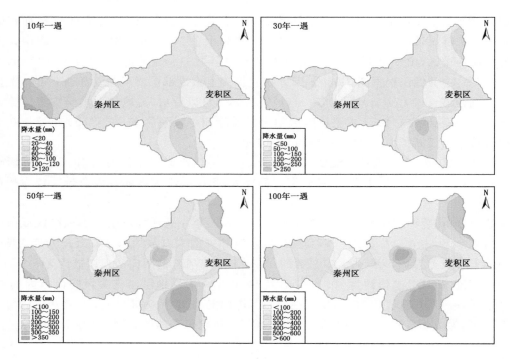

图 3-62 籍河流域不同重现期面雨量分布图

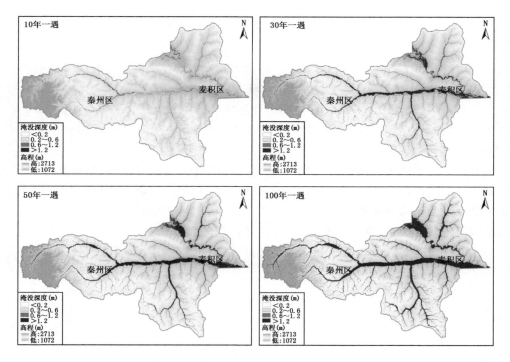

图 3-63 籍河流域不同重现期风险区划图

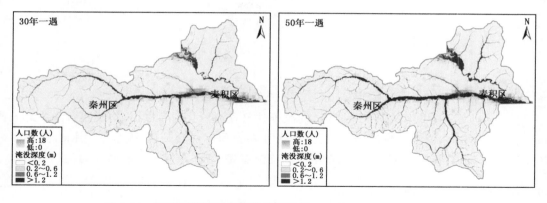

图 3-64　籍河流域不同重现期风险评估——对人口的影响分布图

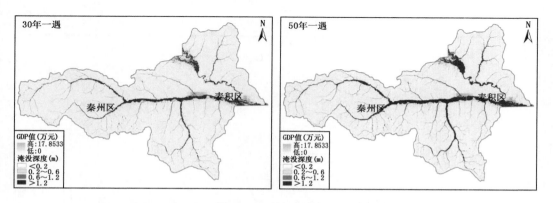

图 3-65　籍河流域不同重现期风险评估——对 GDP 的影响分布图

3.16.3　风险分析

籍河流域位于天水市,由西向东流经秦州区北部、麦积区西部和清水县。流域海拔 1072～2713 m,根据图 3-62 分析,地势西部高,中部和东部低。根据图 3-63 籍河流域 T(10、30、50、100)年一遇风险区划图可以看出,流域暴雨洪涝灾害风险区域主要集中在河谷沿岸低洼处,10 年一遇风险区划为低风险和中风险居多,30 年、50 年及 100 年一遇风险区域范围逐渐扩大,其中高风险占主导地位。

根据图 3-64、图 3-65 籍河流域 T(30、50)年一遇洪水淹没水深对人口、GDP 的影响分布图可知,流域所在秦州区东部人口密度和 GDP 密度较大。

经数据分析,籍河流域内人口总数约为 2.5 万,30 年一遇暴雨洪涝灾害风险区域内的人口数约为 1.91 万,占人口总数的 76%,其中高风险范围内的人口数约为 0.9 万;50 年一遇风险范围内的人口数约为 1.95 万,占人口总数的 78%,其中高风险范围内的人口数约为 1.2 万。

籍河流域 GDP 总值约为 3.9 亿元,其中 30 年一遇暴雨洪涝灾害风险区域内的 GDP 约为 2.9 亿元,占 GDP 总值的 74%,属于高风险范围内的 GDP 约为 1.4 亿元;50 年一遇风险区域内的 GDP 约为 3 亿元,占 GDP 总值 77%,属于高风险范围内的 GDP 约为 1.9 亿元。

3.17 渭河(天水段)流域

3.17.1 流域概况

渭河(天水段)是黄河的第一大支流,发源于甘肃省渭源县的鸟鼠山,由陕西省潼关汇入黄河。在天水市境内,渭河干流流经武山县、甘谷县和麦积区两县一区,全长 270 km,流域面积 2401.98 km²,沿河接纳流域面积 1000 km² 的支流有榜沙河、散渡河、葫芦河、藉河、牛头河。

3.17.2 暴雨洪涝灾害风险区划图谱

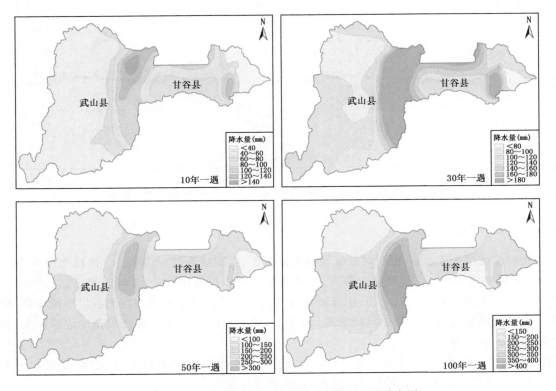

图 3-66　渭河(天水段)流域不同重现期面雨量分布图

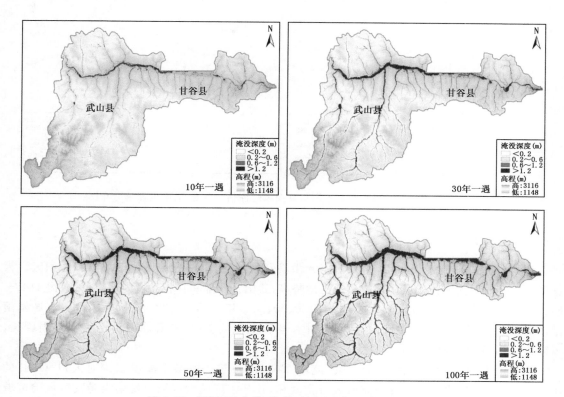

图 3-67　渭河(天水段)流域不同重现期风险区划图

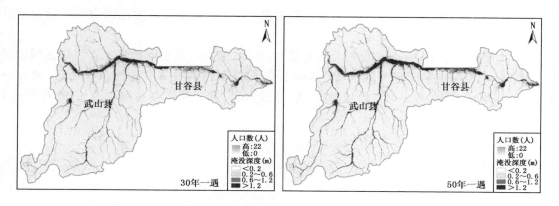

图 3-68　渭河(天水段)流域不同重现期风险评估——对人口的影响分布图

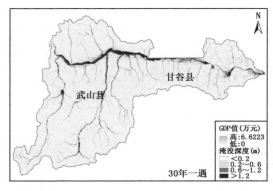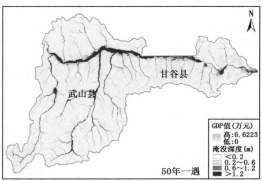

图 3-69　渭河(天水段)流域不同重现期风险评估——对 GDP 的影响分布图

3.17.3　风险分析

　　渭河(天水段)位于天水市,主要流经武山县和甘谷县,小部分流域位于岷县和麦积区。根据图 3-66 分析,流域武山县南部突出地区地势高,武山县西部和甘谷县境内地势低,海拔 1148～3116 m。根据图 3-67 渭河(天水段)T(10、30、50、100)年一遇风险区划图可以看出,流域暴雨洪涝灾害风险区域主要集中武山县西部、甘谷县和麦积区境内,随着暴雨洪涝灾害年限增长,风险区域沿藉河向两岸有明显扩大。

　　根据图 3-68、图 3-69 渭河(天水段)流域 T(30、50)年一遇洪水淹没水深对人口、GDP 的影响分布图可知,渭河(天水段)流域人口密度和 GDP 密度较大区域与暴雨洪涝灾害风险区域一致。

　　经数据分析,渭河(天水段)流域内人口总数约为 2.2 万,30 年一遇暴雨洪涝灾害风险区域内的人口数约为 1.8 万,占人口总数的 82%,其中高风险范围内的人口数约为 0.7 万;50 年一遇风险范围内的人口数约为 2.0 万,占人口总数的 91%,其中高风险范围内的人口数约为1 万。

　　渭河(天水段)流域 GDP 总值约为 1.6 亿元,其中 30 年一遇暴雨洪涝灾害风险区域内的 GDP 约为 1.3 亿元,占 GDP 总值的 81%,属于高风险范围内的 GDP 约为 0.5 亿元;50 年一遇风险区域内的 GDP 约为 1.4 亿元,占 GDP 总值 88%,属于高风险范围内的 GDP 约为 0.7 亿元。

3.18　散渡河流域

3.18.1　流域概况

　　散渡河是渭河的主要支流之一,其发源于华家岭牛营大山。通渭县以上叫牛谷河,河源地势海拔 2510 m,河长 149 km,总落差 1247 m,河道平均比降 0.579‰,集水面积 2577.10 km²,于甘肃省甘谷县渭阳乡大王庄汇入渭河。流域内几乎全为黄土覆盖,植被差,水土流失严重,年平均侵蚀模数为 8560 t/km²,为渭河上游各支流之最。中下游两岸支沟发达,分差率高。

地下水匮乏,矿化度高,部分地段河水不能饮用和灌溉,河床由黏土砂石组成。

散渡河平常流量并不大,可在夏季雷雨节,其最大流量可达到 1800 m³/s,平均含沙量 213 kg/m³,年平均输沙量 1620 万 t。夏季雷暴雨过后,其流量突然增大,以极快的速度从上游冲流向下游,期间夹杂着大量的泥沙,尤其是水流挟带有冲断的树木柴草。河流的冲击力极强,较大石块亦能够从上游带至下游。河床在每次大洪水过后改道,两岸形成高差较大的黄土陡崖,并伴随有不时的坍塌。

3.18.2　暴雨洪涝灾害风险区划图谱

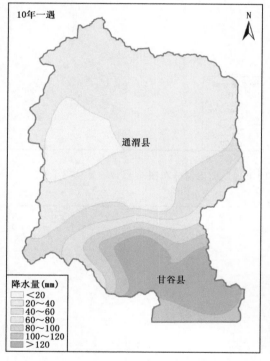

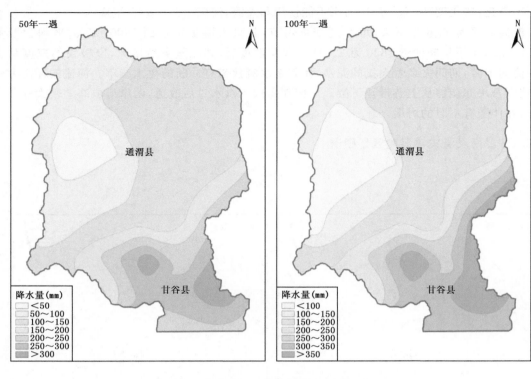

图 3-70 散渡河流域不同重现期面雨量分布图

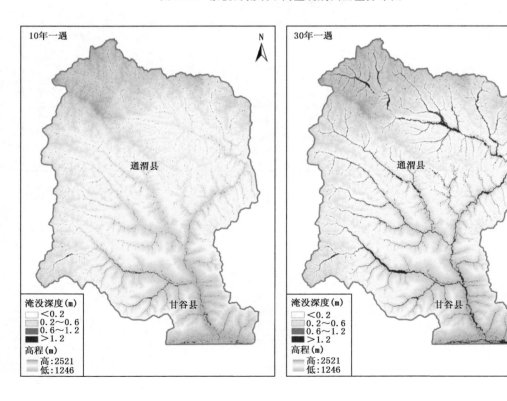

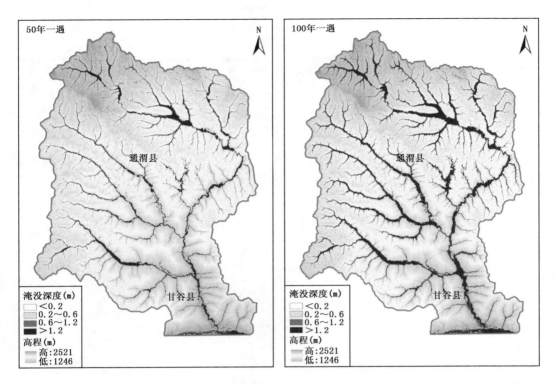

图 3-71　散渡河流域不同重现期风险区划图

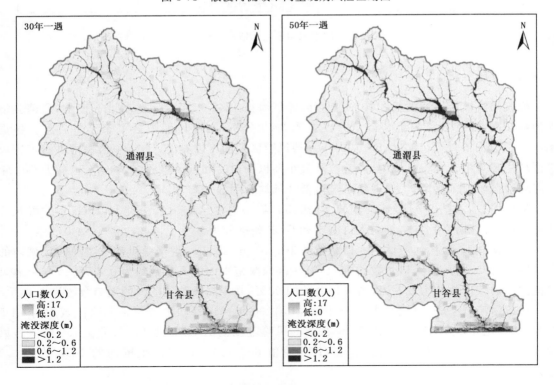

图 3-72　散渡河流域不同重现期风险评估——对人口的影响分布图

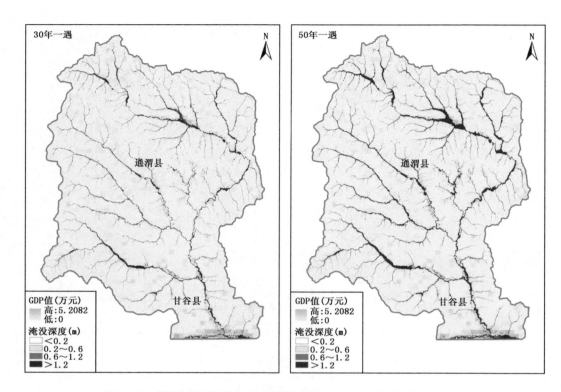

图 3-73　散渡河流域不同重现期风险评估——对 GDP 的影响分布图

3.18.3　风险分析

　　散渡河流域流经通渭县和甘谷县北部,流域海拔 1246～2521 m,地势北高南低,通渭县境内地势较高,甘谷县境内地势较低。根据图 3-70 分析,水流由通渭县汇聚至甘谷县。根据图 3-71 散渡河流域 T(10、30、50、100)年一遇风险区划图可以看出,10 年一遇暴雨洪涝灾害风险区域主要集中在甘谷县境内,风险范围较小并以中风险和低风险居多,30 年、50 年及 100 年一遇风险区域范围逐渐扩大,在整条流域低洼处均有明显分布。

　　根据图 3-72、图 3-73 散渡河流域 T(30、50)年一遇洪水淹没水深对人口、GDP 的影响分布图可知,流域所在甘谷县境内人口密度和 GDP 密度较大。

　　经数据分析,散渡河流域内人口总数约为 1.07 万,30 年一遇暴雨洪涝灾害风险区域内的人口数约为 0.8 万,占人口总数的 75%,其中高风险范围内的人口数约为 0.4 万;50 年一遇风险范围内的人口数约为 0.9 万,占人口总数的 90%,其中高风险范围内的人口数约为 0.6 万。

　　散渡河流域 GDP 总值约为 0.64 亿元,其中 30 年一遇暴雨洪涝灾害风险区域内的 GDP 约为 0.48 亿元,占 GDP 总值 75%,属于高风险范围内的 GDP 约为 0.2 亿元;50 年一遇风险区域内的 GDP 约为 0.57 亿元,占 GDP 总值 89%,属于高风险范围内的 GDP 约为 0.3 亿元。

3.19　榜沙河流域

3.19.1　流域概况

榜沙河为渭河支流,在甘肃省中部。源于岷县眠峨山北麓黄山梁,自西北流入左岸支流申都河后流向东南,过黑虎峡后称黑虎河,至榜沙镇纳胭脂河后,称榜沙河。再北流有左岸支流龙川河和漳河由西汇入,东北流至鸳鸯镇东注入渭河。河长 102.6 km,流域面积 3597 km²,河床平均比降 10‰～50‰。年径流 5.33 亿 m³,以降雨补给为主,中上游流经北秦岭山地,水流湍急,水力资源丰富,山区植被良好,河流含沙量小。干流和各大支流中上游流经北秦岭山地,海拔高,降雨多,气候寒冷,植被茂密,人口分布较少。下游为陇西黄土高原区,降雨少,气候干燥,海拔低,温度较高,人口分布密集,植被破坏严重,黄土裸露。

3.19.2　暴雨洪涝灾害风险区划图谱

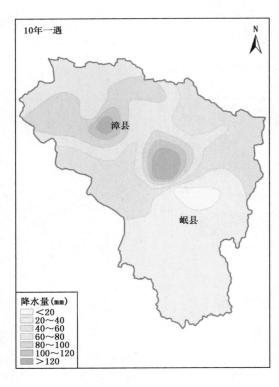
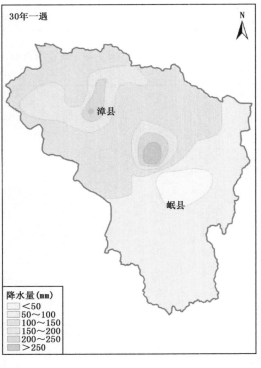

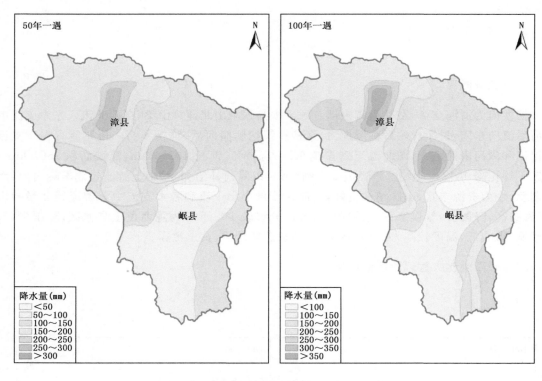

图 3-74　榜沙河流域不同重现期面雨量分布图

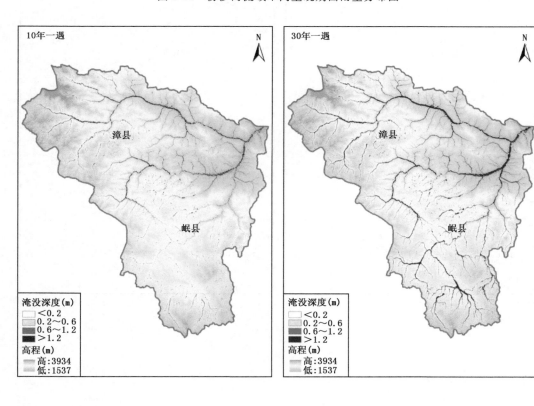

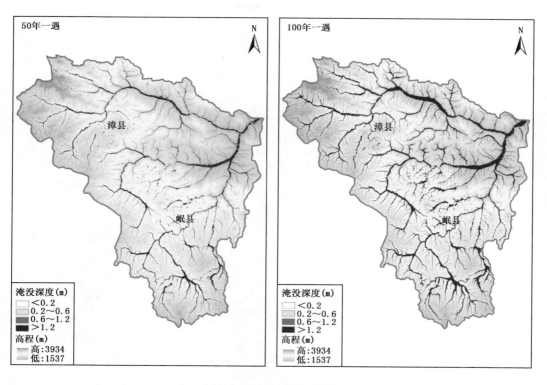

图 3-75　榜沙河流域不同重现期风险区划图

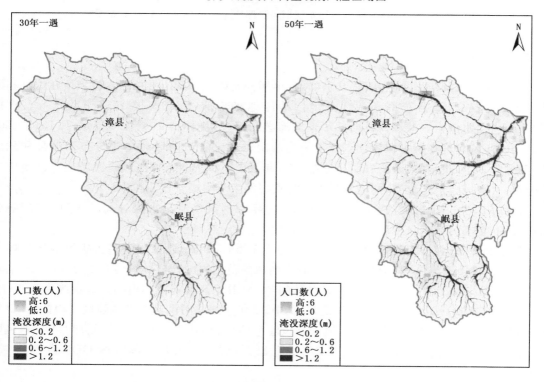

图 3-76　榜沙河流域不同重现期风险评估——对人口的影响分布图

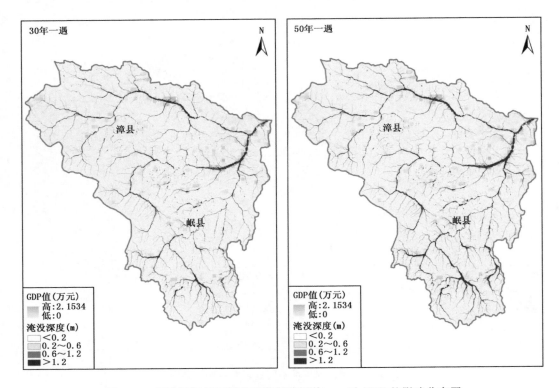

图 3-77　榜沙河流域不同重现期风险评估——对 GDP 的影响分布图

3.19.3　风险分析

榜沙河流域流经漳县全县、岷县东部,有小部分流域位于武山县西部。流域所在岷县和漳县西部地势较高,漳县东部和武山县境内地区地势较低,流域海拔 1537～3934 m。根据图 3-74分析,水流由岷县和漳县西部汇聚至漳县东部。根据图 3-75榜沙河流域 T(10、30、50、100)年一遇风险区划图可以看出,10 年一遇暴雨洪涝灾害风险区域主要分布于漳县和武山县,低风险、中风险、高风险均有明显分布。30 年、50 年和 100 年一遇风险区域在三县境内均有分布,且高风险范围最大,并随着暴雨洪涝灾害发生年限增长逐步扩大。

根据图 3-76、图 3-77榜沙河流域 T(30、50)年一遇洪水淹没水深对人口、GDP 的影响分布图可知,整条流域人口密度和 GDP 密度均较大。

经数据分析,榜沙河流域内人口总数约为 1.1 万,30 年一遇暴雨洪涝灾害风险区域内的人口数约为 0.8 万,占人口总数的 73%,其中高风险范围内的人口数约为 0.4 万;50 年一遇风险范围内的人口数约为 0.9 万,占人口总数的 82%,其中高风险范围内的人口数约为 0.6 万。

榜沙河流域 GDP 总值约为 0.6 亿元,其中 30 年一遇暴雨洪涝灾害风险区域内的 GDP 约为 0.52 亿元,占 GDP 总值的 87%,属于高风险范围内的 GDP 约为 0.2 亿元;50 年一遇风险区域内的 GDP 约为 0.53 亿元,占 GDP 总值 88%,属于高风险范围内的 GDP 占约为 0.3 亿元。

3.20　洮河流域

3.20.1　流域概况

洮河是黄河上游的一条大支流,发源于青海省海南藏族自治州西倾山东麓,于甘肃省永靖县汇入黄河刘家峡水库。洮河流域东以鸟鼠山、马衔山与渭河、祖厉河分水,西以扎尕梁与大夏河为界,北邻黄河干流,南以西秦岭迭山与白龙江为界。河长 673 km,流域面积 17468.80 km²,按红旗水文站资料统计,年平均径流量 53 亿 m³,年输沙量 0.29 亿 t,平均含沙量仅 5.5 kg/m³。

在黄河各支流中,洮河年水量仅次于渭河,居第二位。径流模数为 20.8 万 m³/km²,仅次于白河、黑河,是黄河上游地区来水量最多的支流。洮河河源高程 4260 m,河口高程 1629 m,落差 2631 m,水力资源蕴藏量为 221.7 万 kW,可开发装机容量 93.4 万 kW。

3.20.2　暴雨洪涝灾害风险区划图谱

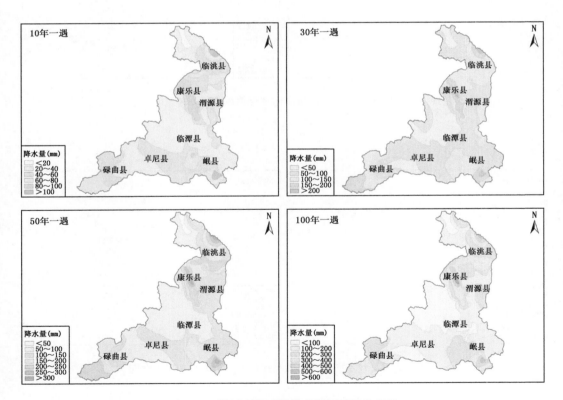

图 3-78　洮河流域不同重现期面雨量分布图

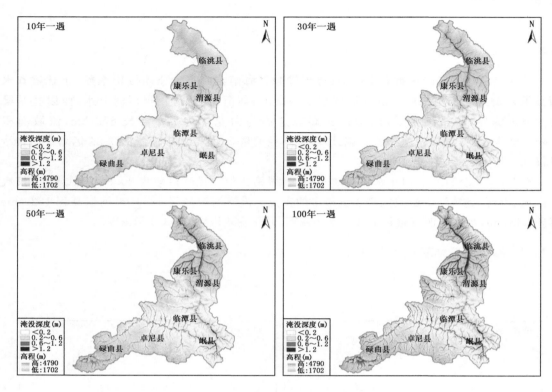

图 3-79　洮河流域不同重现期风险区划图

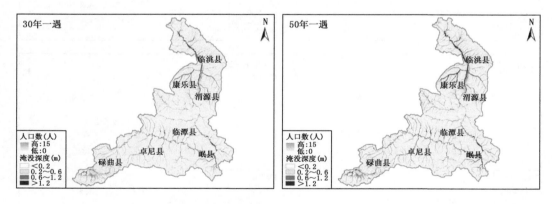

图 3-80　洮河流域不同重现期风险评估——对人口的影响分布图

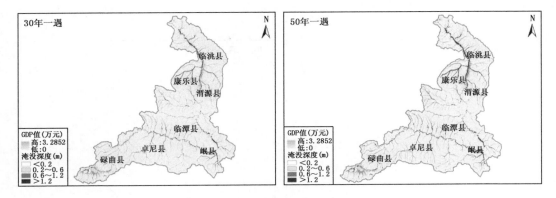

图 3-81　洮河流域不同重现期风险评估——对 GDP 的影响分布图

3.20.3　风险分析

洮河流域位于甘南藏族自治州、临夏回族自治州和定西市交界处,位于甘南藏族自治州的区域约占流域总面积的 50%。流域总面积 17468 km²,共涉及大小 23 个县区,其中碌曲县、卓尼县、岷县和临洮县面积最大。洮河流域南部为甘南高原,北部为陇西黄土高原,地势南高北低,海拔 1702～4790 m。根据图 3-78 分析,流域大部地区湿润多雨,降水量由南向北递减,雨量较大。根据图 3-79 洮河流域 T(10、30、50、100)年一遇风险区划图可以看出,10 年一遇暴雨洪涝灾害风险区域主要分布于在流域北部,30 年、50 年和 100 年一遇风险区域在整条流域山谷及河道沿岸均有明显分布,并随着暴雨洪涝灾害发生年限的增长,风险区域范围逐步扩大。

根据图 3-80、图 3-81 洮河流域 T(30、50)年一遇洪水淹没水深对人口、GDP 的影响分布图可知,流域人口密度和 GDP 密度较大地区主要在临洮县、卓尼县和岷县。

经数据分析,洮河流域内人口总数约为 3.6 万,30 年一遇暴雨洪涝灾害风险区域内的人口数约为 2.8 万,占人口总数 78%,其中高风险范围内的人口数约为 1.5 万;50 年一遇风险范围内的人口数约为 3.3 万,占人口总数的 92%,其中高风险范围内的人口数约为 2 万。

洮河流域 GDP 总值约为 2 亿元,其中 30 年一遇暴雨洪涝灾害风险区域内的 GDP 约为 1.5 亿元,占 GDP 总值的 75%,属于高风险范围内的 GDP 约为 0.8 亿元;50 年一遇风险区域内的 GDP 约为 1.8 亿元,占 GDP 总值 90%,属于高风险范围内的 GDP 约为 1.1 亿元。

3.21　科才河流域

3.21.1　流域概况

科才河位于甘肃省夏河县,属于黄河干流水系,为洮河上游的一级支流。科才河发源于夏河县西南部完根扫地,河源高程 4220 m,由北向南流,进入碌曲县后汇入洮河,河长 66.5 km,河口高程 3155 m,流域面积 4732.06 km²,河道平均比降 8.91‰,年平均径流量 2.55 亿 m³。科才河科才新村段河道比降较大,主流摆动不定,加之防洪设施薄弱,汛期洪水经常淹没村庄、草场,对该村群众和村舍的安全造成较大威胁。

3.21.2 暴雨洪涝灾害风险区划图谱

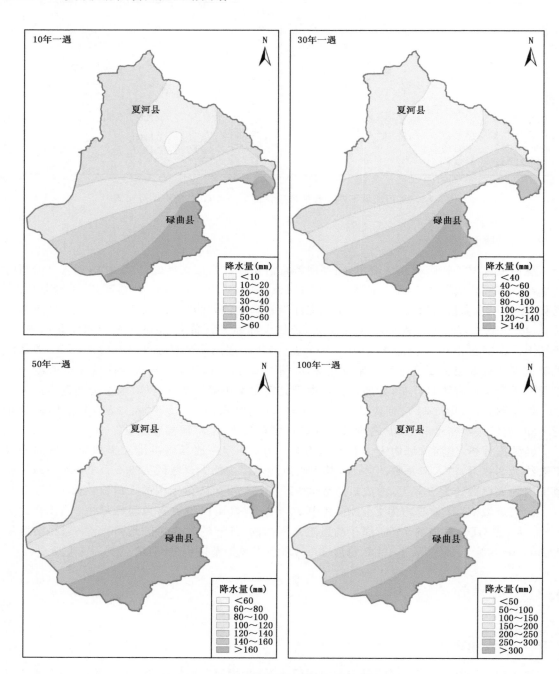

图 3-82　科才河流域不同重现期面雨量分布图

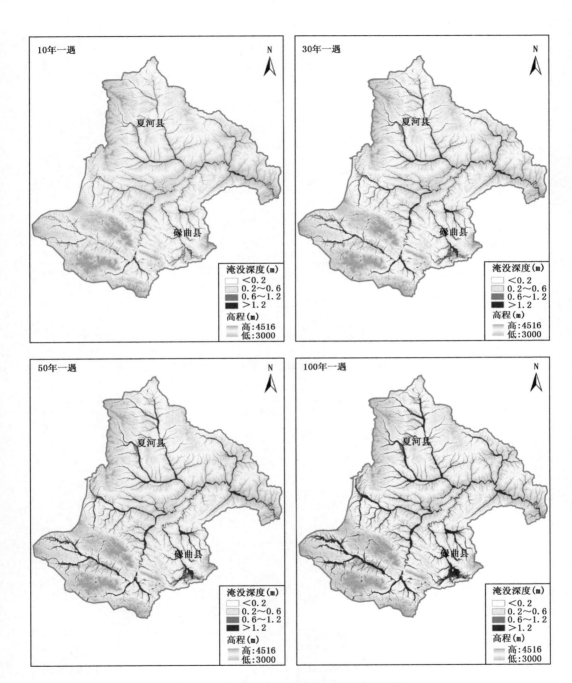

图 3-83　科才河流域不同重现期风险区划图

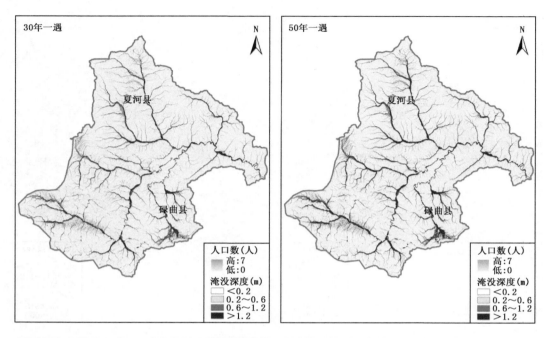

图 3-84　科才河流域不同重现期风险评估——对人口的影响分布图

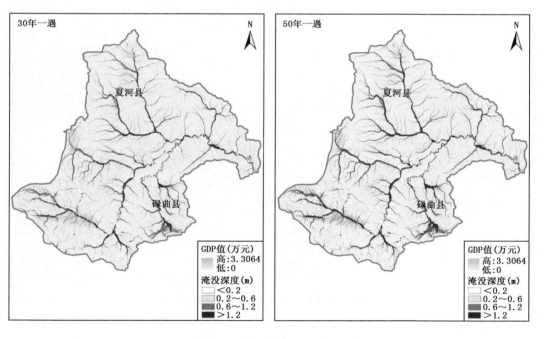

图 3-85　科才河流域不同重现期风险评估——对 GDP 的影响分布图

3.21.3　风险分析

科才河发源于夏河县西南部,由北向南流经碌曲县后汇入洮河。根据图 3-82 分析,流域地势南北高,中间低,海拔较高 3000～4516 m,流域内降水较大。根据图 3-83 科才河流域 T (10、30、50、100)年一遇风险区划图可以看出,暴雨洪涝灾害风险区域在整条流域山谷及河道沿岸低洼处均有明显分布,高风险区域为主要风险区,并随着暴雨洪涝灾害发生年限增长逐步扩大。

根据图 3-84、图 3-85 科才河流域 T(30、50)年一遇洪水淹没水深对人口、GDP 的影响分布图可知,流域所在碌曲县人口密度和 GDP 密度较大。

经数据分析,科才河流域内人口总数约为 2.5 万,30 年一遇暴雨洪涝灾害风险区域内的人口数约为 1.3 万,占人口总数的 52%,其中高风险范围内的人口数约为 1.1 万;50 年一遇风险范围内的人口数约为 1.4 万,占人口总数的 56%,其中高风险范围内的人口数约为 1.2 万。

科才河流域 GDP 总值约为 4.1 亿元,其中 30 年一遇暴雨洪涝灾害风险区域内的 GDP 约为 1.2 亿元,占 GDP 总值的 29%,属于高风险范围内的 GDP 约为 0.9 亿元;50 年一遇风险区域内的 GDP 约为 1.3 亿元,占 GDP 总值 32%,属于高风险范围内的 GDP 约为 1.1 亿元。

3.22　博拉河流域

3.22.1　流域概况

博拉河是黄河支流洮河的支流,因河流流过博拉寺南郊故称博拉河,位于甘南藏族自治州夏河县和合作市,河长 84.8 km,流域面积 1703.73 km²,年平均径流量 3.069 亿 m³。发源于夏河县西部加威也卡称为德合曲,东南流转折东北流后纳左岸支流霍布让可合后转折东南流,纳库赛曲后转折东北流,经博拉乡后转折东南流,再纳右岸支流吉仓河后经合作市仁占道村后汇入洮河,河源高程 3920 m,河口高程 2780 m,全长 84.8 km,河道平均比降 7.94‰。

3.22.2 暴雨洪涝灾害风险区划图谱

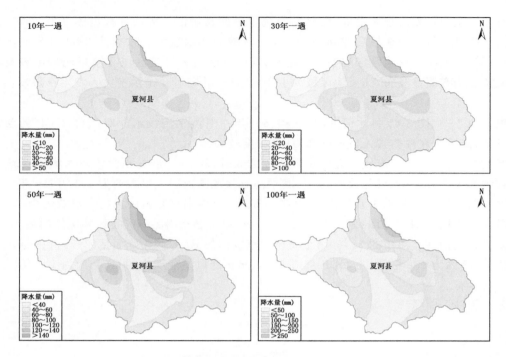

图 3-86 博拉河流域不同重现期面雨量分布图

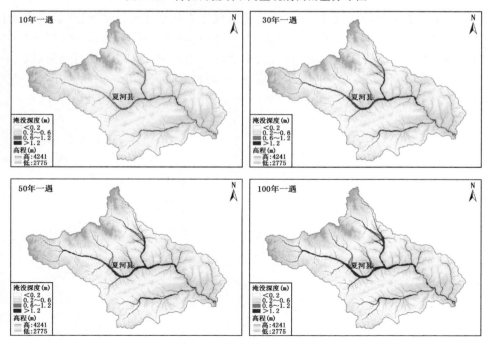

图 3-87 博拉河流域不同重现期风险区划图

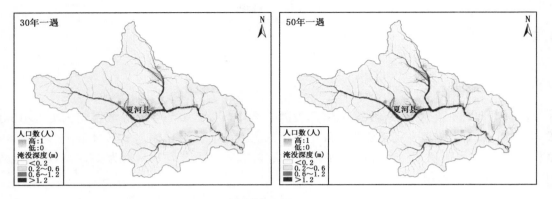

图 3-88　博拉河流域不同重现期风险评估——对人口的影响分布图

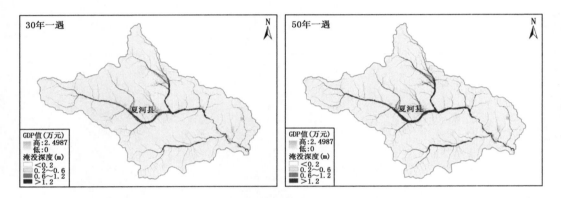

图 3-89　博拉河流域不同重现期风险评估——对 GDP 的影响分布图

3.22.3　风险分析

博拉河流域位于夏河县东南部,根据图 3-86 分析,降水量由东南向西北递减,地势由西北向东南倾斜,流域海拔 2775～4241 m。根据图 3-87 博拉河流域 T(10、30、50、100)年一遇风险区划图可以看出,水流整体流向趋势由西北至东南,具体则由周边地势较高处流向地势低洼处。暴雨洪涝灾害风险区域在整条流域均有分布,在流域中部地势差异明显处范围最大,且随着暴雨洪涝灾害发生年限增大逐步扩大。

根据图 3-88、图 3-89 博拉河流域 T(30、50)年一遇洪水淹没水深对人口、GDP 的影响分布图可知,流域内人口密度和 GDP 密度较小。

经数据分析,博拉河流域内人口总数约为 3.7 万,30 年一遇暴雨洪涝灾害风险区域内的人口数约为 0.6 万,占人口总数的 16%,其中高风险范围内的人口数约为 0.3 万;50 年一遇风险范围内的人口数约为 0.7 万,占人口总数的 19%,其中高风险范围内的人口数约为 0.4 万。

博拉河流域 GDP 总值约为 3.6 亿元,其中 30 年一遇暴雨洪涝灾害风险区域内的 GDP 约为 0.7 亿元,占 GDP 总值的 19%,属于高风险范围内的 GDP 约为 0.5 亿元;50 年一遇风险区域内的 GDP 约为 0.8 亿元,占 GDP 总值 22%,属于高风险范围内的 GDP 约为 0.6 亿元。

3.23 洛河流域

3.23.1 流域概况

洛河属黄河干流水系,又名德乌鲁河,发源于合作市佐盖多玛乡交界的腊利大山,源地海拔 3802 m,在王格尔塘乡完夏公路零公里处汇入大夏河。洛河由南向北贯穿整个合作市区,全长 27 km,集水面积 221.2 km²,年平均径流量 0.23 亿 m³,平均比降约为 13.6‰,弯曲系数约 1.32,水系呈羽状结构。

3.23.2 暴雨洪涝灾害风险区划图谱

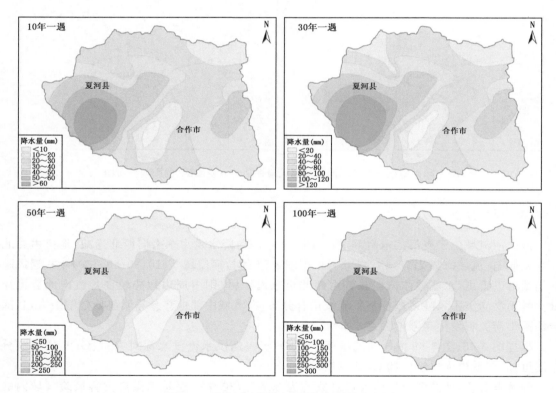

图 3-90 洛河流域不同重现期面雨量分布图

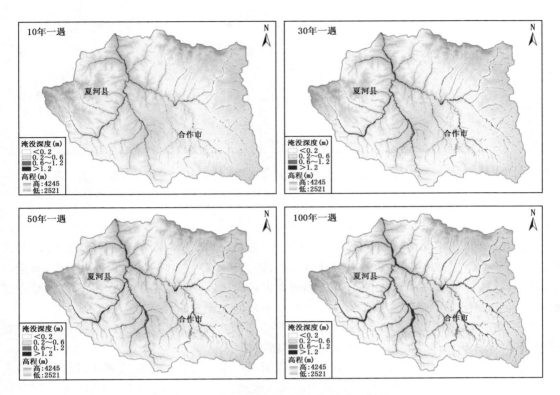

图 3-91　洛河流域不同重现期风险区划图

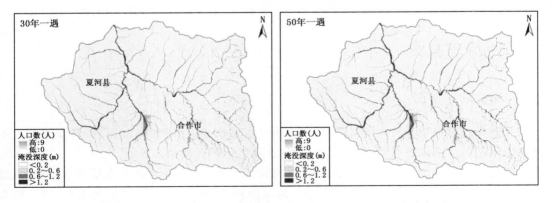

图 3-92　洛河流域不同重现期风险评估——对人口的影响分布图

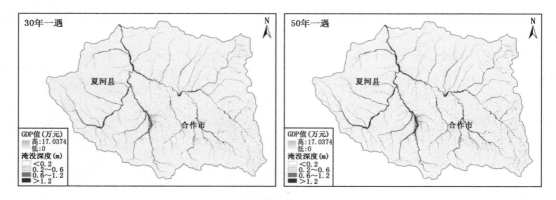

图 3-93　洛河流域不同重现期风险评估——对 GDP 的影响分布图

3.23.3　风险分析

洛河流域位于夏河县和合作市,根据图 3-90 分析,地势东西两侧高,中间低,流域海拔 2521~4245 m。根据图 3-91 洛河流域 T(10、30、50、100)年一遇风险区划图可以看出,水流由东西两侧地势较高处流向流域中部,暴雨洪涝灾害风险区域在整条流域均有分布,在流域中部地势低洼处范围最大,且随着暴雨洪涝灾害发生年限增大逐步扩大。

根据图 3-92、图 3-93 洛河流域 T(30、50)年一遇洪水淹没水深对人口、GDP 的影响分布图可知,流域所在合作市境内人口密度和 GDP 密度较小。

经数据分析,洛河流域内人口总数约为 8.4 万,30 年一遇暴雨洪涝灾害风险区域内的人口数约为 2.4 万,占人口总数的 29%,其中高风险范围内的人口数约为 1.5 万;50 年一遇风险范围内的人口数约为 2.9 万,占人口总数的 35%,其中高风险范围内的人口数约为 2.1 万。

洛河流域 GDP 总值约为 14.5 亿元,其中 30 年一遇暴雨洪涝灾害风险区域内的 GDP 约为 4.6 亿元,占 GDP 总值的 32%,属于高风险范围内的 GDP 约为 2.9 亿元;50 年一遇风险区域内的 GDP 约为 5.4 亿元,占 GDP 总值 37%,属于高风险范围内的 GDP 约为 3.9 亿元。

3.24　大夏河流域

3.24.1　流域概况

大夏河是甘肃省中部较大河流,属黄河水系。古名漓水,源于甘南高原甘、青交界的大不勒赫卡山南北麓。南源桑曲却卡,北源大纳昂,汇流后始称大夏河。

大夏河经夏河县城东流,在王格尔塘汇洛河转折北流,出土门关进入临夏盆地,过临夏市后至康家湾注入刘家峡水库。河长 203 km,流域面积 5983.97 km²。主要支流有洛河、铁龙沟、老鸦关河、大滩河及牛津河等。土门关以南为上游,石质山原,海拔 2500 m 以上,气候湿冷,除太子山有少量林木外,其余均为甘南藏族自治州草场。土门关以北为下游,流经黄土高原,沟壑纵横,植被较差,暴雨、泥石流、滑坡严重,但大夏河川台宽谷区农业发达,北塬、永乐等渠道灌田各在万亩以上。另有百万立方米以上水库一座。

3.24.2 暴雨洪涝灾害风险区划图谱

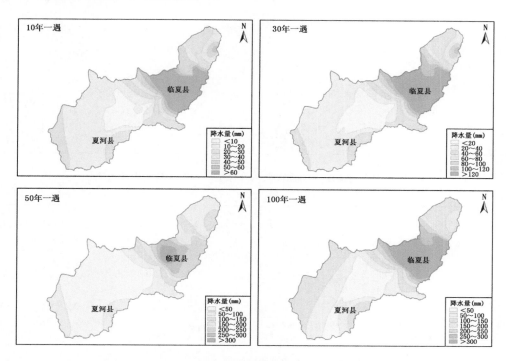

图 3-94 大夏河流域不同重现期面雨量分布图

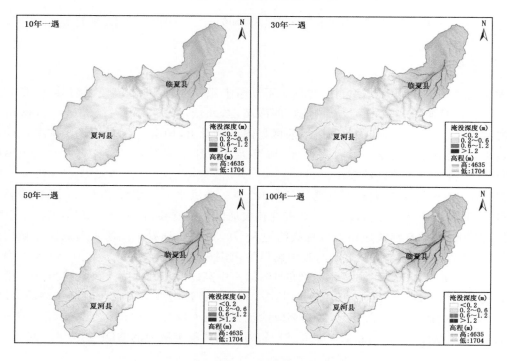

图 3-95 大夏河流域不同重现期风险区划图

图 3-96 大夏河流域不同重现期风险评估——对人口的影响分布图

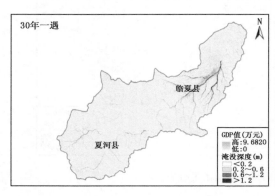

图 3-97 大夏河流域不同重现期风险评估——对 GDP 的影响分布图

3.24.3 风险分析

大夏河发源于甘南高原甘、青交界的大不勒赫卡山南北麓,主要流经夏河县、临夏县及东乡族自治县。根据图 3-94 分析,流域地势西南高,东北低,海拔 1704～4635 m。根据图 3-95 大夏河流域 T(10、30、50、100)年一遇风险区划图可以看出,10 年一遇暴雨洪涝灾害风险区域范围较小,主要分布在临夏县境内。30 年、50 年及 100 年一遇暴雨洪涝灾害风险区域逐步扩大,但在夏河县境内风险区域较小。

根据图 3-96、图 3-97 大夏河流域 T(30、50)年一遇洪水淹没水深对人口、GDP 的影响分布图可知,流域内所在人口密度和 GDP 密度较大地区为临夏县,且正处于高风险区域范围内。

经数据分析,大夏河流域内人口总数约为 85 万,30 年一遇暴雨洪涝灾害风险区域内的人口数约为 10 万,占人口总数的 12%,其中高风险范围内的人口数约为 5.5 万;50 年一遇风险范围内的人口数为 14 万,占人口总数的 16%,其中高风险范围内的人口数约为 7.7 万。

大夏河流域 GDP 总值约为 53 亿元,其中 30 年一遇暴雨洪涝灾害风险区域内的 GDP 约为 8.1 亿元,占 GDP 总值的 15%,属于高风险范围内的 GDP 约为 4.3 亿元;50 年一遇风险区域内的 GDP 约为 11 亿元,占 GDP 总值 21%,属于高风险范围内的 GDP 约为 6.1 亿元。

3.25　广通河流域

3.25.1　流域概况

广通河位于甘肃省广河县境内,属黄河干流水系。广通河以出产广通奇石闻名天下。广通河发源于夏河县境东部太子山东端的凯卡,河源高程 3600 m,上游称新营河,由西南向东北流,经和政、广河等县,在广河县高家崖处注入洮河。河长 88.5 km,河口高程 1799 m,河道平均比降 8.65‰,流域面积 1568.94 km²,年平均径流量 2.746 亿 m³。上游水流较大清澈、水量稳定,下游河水浑浊、水量变化大,水温高,适合灌溉。广通河上游位于太子山北坡,山大坡陡,海拔高,降雨多,气温较低,人口密度小,植被茂密,针阔混交林、高山草甸分布广泛,是流域内重要的水涵养区源和下游河流产水区。下游在广河—和政盆地,山小坡缓,气候温和,人口分布密集,生态破坏严重,除了耕地外都是裸露的黄土和盐碱地。

3.25.2　暴雨洪涝灾害风险区划图谱

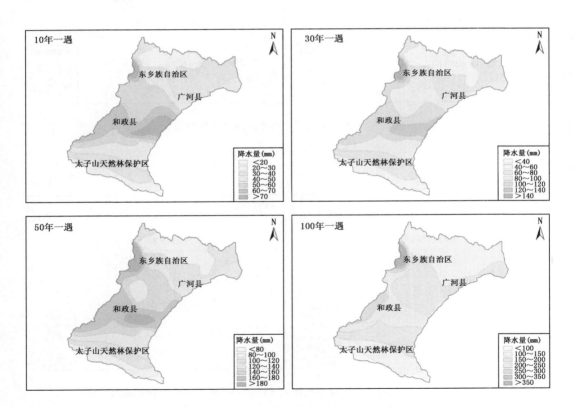

图 3-98　广通河流域不同重现期面雨量分布图

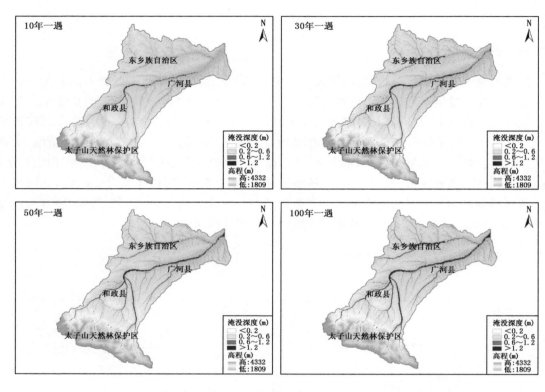

图 3-99 大夏河流域不同重现期风险区划图

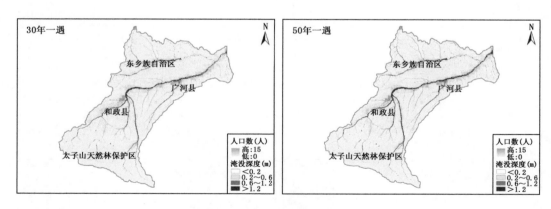

图 3-100 广通河流域不同重现期风险评估——对人口的影响分布图

图 3-101 广通河流域不同重现期风险评估——对 GDP 的影响分布图

3.25.3 风险分析

广通河发源于夏河县境东部太子山东端的凯卡,流域主要流经太子山天然林保护区、和政县、广河县和东乡族自治县。根据图 3-98 分析,广通河上游位于太子山北坡,海拔高降雨多,人口密度小,下游山小坡缓,气候温和,人口分布密集。流域地势西南高、东北低,海拔 1809～4332 m。根据图 3-99 广通河流域 T(10、30、50、100)年一遇风险区划图可以看出,暴雨洪涝灾害风险区域在各县境内均有明显分布,随着暴雨洪涝灾害发生年限的增长,风险区域逐渐扩大清晰。

根据图 3-100、图 3-101 广通河流域 T(30、50)年一遇洪水淹没水深对人口、GDP 的影响分布图可知,流域内所在人口密度和 GDP 密度较大地区为和政县和广河县,且正处于风险区域范围内。

经数据分析,广通河流域内人口总数约为 46.7 万,30 年一遇暴雨洪涝灾害风险区域内的人口数约为 7.8 万,占人口总数的 17%,其中高风险范围内的人口数约为 4.7 万;50 年一遇风险范围内的人口数约为 8.4 万,占人口总数的 18%,其中高风险范围内的人口数约为 5.9 万。

广通河流域 GDP 总值约为 16 亿元,其中 30 年一遇暴雨洪涝灾害风险区域内的 GDP 约为 2.6 亿元,占 GDP 总值的 16%,属于高风险范围内的 GDP 约为 1.6 亿元;50 年一遇风险区域内的 GDP 约为 2.8 亿元,占 GDP 总值 18%,属于高风险范围内的 GDP 约为 2 亿元。

3.26 咸河流域

3.26.1 流域概况

咸河属于渭河水系的河流。咸河发源于陇西北部大岔,河源高程 2500 m,由北向南流,在陇西县赤山子汇入渭河,河口高程 1673 m,河长 69 km,河道平均比降 5.28‰,流域面积 4023.03 km²。年平均径流量 0.233 亿 m³,河水量少质差,不能灌溉,洪期沙多。

3.26.2 暴雨洪涝灾害风险区划图谱

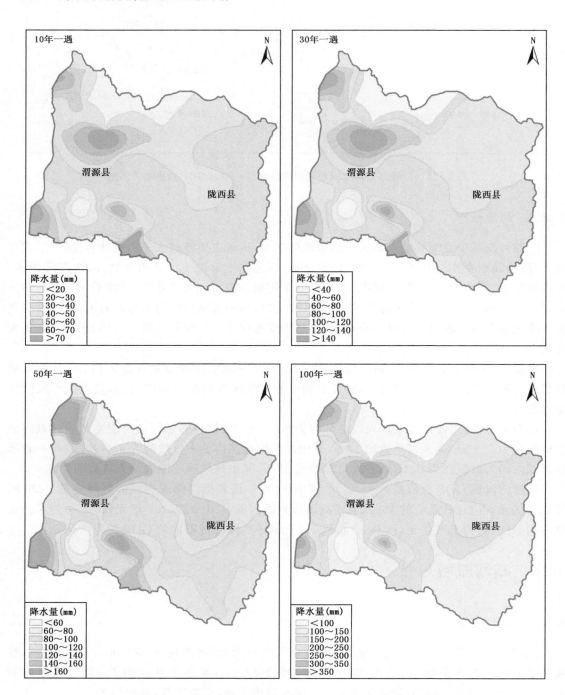

图 3-102　咸河流域不同重现期面雨量分布图

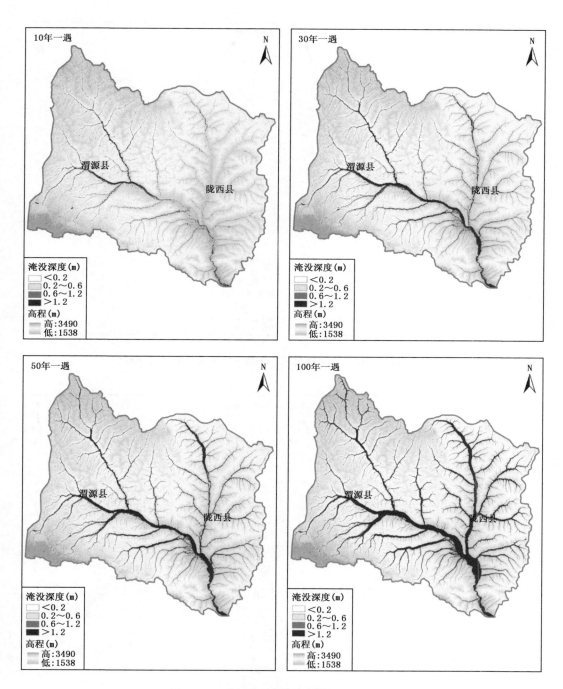

图 3-103　咸河流域不同重现期风险区划图

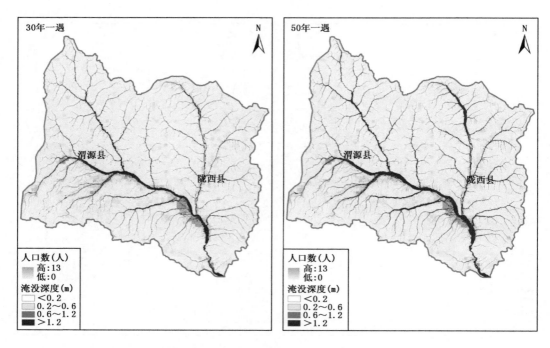

图 3-104　咸河流域不同重现期风险评估——对人口的影响分布图

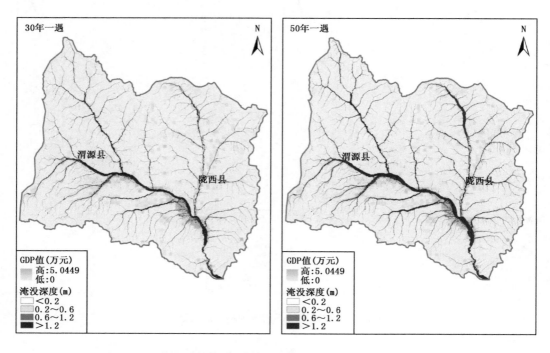

图 3-105　咸河流域不同重现期风险评估——对 GDP 的影响分布图

3.26.3　风险分析

咸河流域由北向南流经渭源县东部和陇西县,河水量少质差,不能灌溉,洪期沙多。根据图 3-102 分析,流域降水由西向东递减,地势西高东低,海拔 1538~3490 m。根据图 3-103 咸河流域 $T(10、30、50、100)$ 年一遇风险区划图可以看出,水流由渭源县地势较高处向陇西县地势较低处汇聚,暴雨洪涝灾害风险区域范围渭源县逐渐向陇西县扩展,并随着暴雨洪涝灾害发生年限增长,风险范围越来越大,并以高风险为主。

根据图 3-104、图 3-105 咸河流域 $T(30、50)$ 年一遇洪水淹没水深对人口、GDP 的影响分布图可知,流域所在渭源县和陇西县人口密度和 GDP 密度较大,且正处于风险区域范围内。

经数据分析,咸河流域内人口总数约为 1.7 万,30 年一遇暴雨洪涝灾害风险区域内的人口数约为 1.4 万,占人口总数的 82%,其中高风险范围内的人口数约为 0.5 万;50 年一遇风险范围内的人口数约为 1.5 万,占人口总数的 88%,其中高风险范围内的人口数约为 0.8 万。

咸河流域 GDP 总值约为 1.1 亿元,其中 30 年一遇暴雨洪涝灾害风险区域内的 GDP 约为 9.3 亿元,占 GDP 总值的 85%,属于高风险范围内的 GDP 约为 3.7 亿元;50 年一遇风险区域内的 GDP 约为 1 亿元,占 GDP 总值 91%,属于高风险范围内的 GDP 约为 5.6 亿元。

3.27　祖厉河流域

3.27.1　流域概况

祖厉河流域属于黄河上游支流。位于甘肃省中部,兰州市东侧。源出会宁县南华家岭。北流经会宁县、靖远县入黄河。因流域地层含盐碱较多,水味苦咸,故又称苦水河。河水含沙量较高。

祖厉河河长 224 km,流域面积 10653 km²。靖远站年平均流量 5.08 m³/s,年平均径流量 1.51 亿 m³,5—10 月占 80% 以上,年输沙量 0.62 亿 t。流域内地形破碎,沟壑纵横,地势由南向北倾斜,海拔在 1500~2000 m,最高在流域东北崛吴山,海拔为 2858 m,最低在祖厉河汇入黄河处,海拔为 1392 m。

3.27.2 暴雨洪涝灾害风险区划图谱

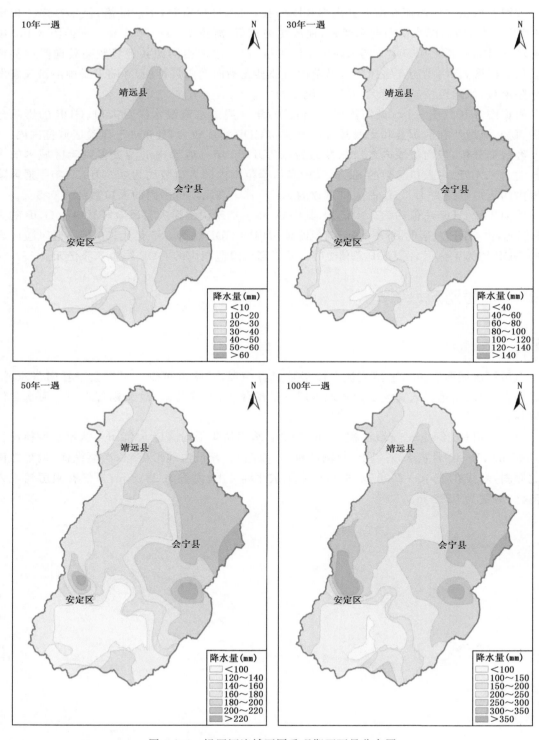

图 3-106 祖厉河流域不同重现期面雨量分布图

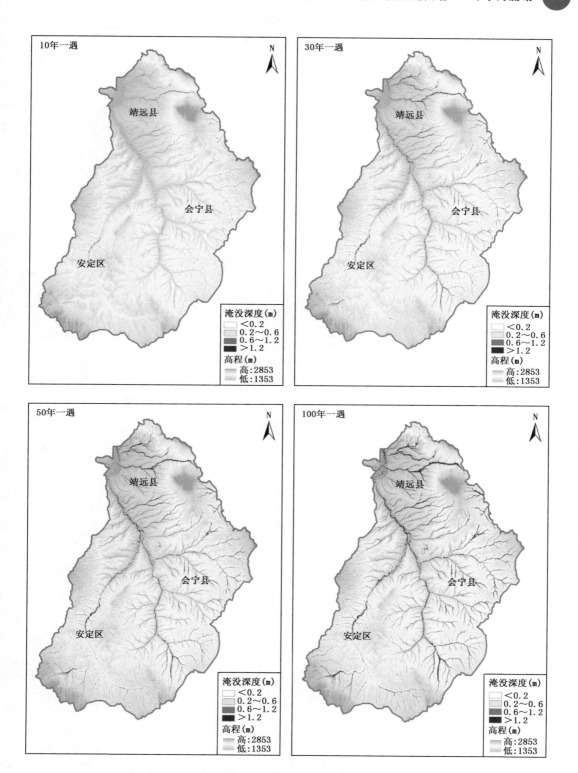

图 3-107　祖厉河流域不同重现期风险区划图

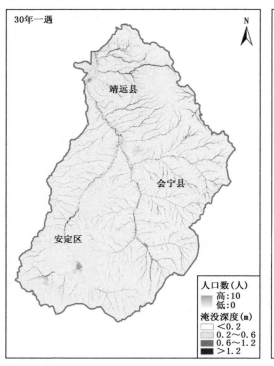

图 3-108　祖厉河流域不同重现期风险评估——对人口的影响分布图

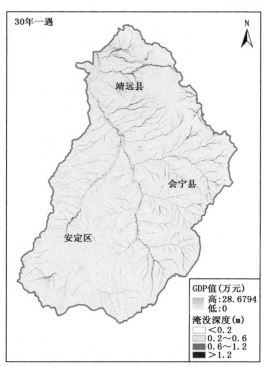

图 3-109　祖厉河流域不同重现期风险评估——对 GDP 的影响分布图

3.27.3　风险分析

祖厉河流域由南向北主要流经会宁县、靖远县和平川区和安定区,流域所在会宁县、平川区和安定区地势较高,靖远县地区地势较低,海拔 1512～2853 m。根据图 3-106 分析,流域降水由东向西递减。根据图 3-107 祖厉河流域 T(10、30、50、100)年一遇风险区划图可以看出,10 年一遇暴雨洪涝灾害风险区域范围较小,且主要分布于流域东北部地势起伏较大地区。30 年一遇风险区域范围遍布整个流域的山谷和低洼处,50 年和 100 年一遇风险区域范围更大更清晰,淹没深度更深。

根据图 3-108、图 3-109 祖厉河流域 T(30、50)年一遇洪水淹没水深对人口、GDP 的影响分布图可知,流域所在各县人口密度和 GDP 密度较大地区为平川区和安定区。

经数据分析,祖厉河流域内人口总数约为 136.8 万,30 年一遇暴雨洪涝灾害风险区域内的人口数约为 12.8 万,占人口总数的 9.3%,其中高风险范围内的人口数约为 6.0 万;50 年一遇风险范围内的人口数约为 16.3 万,占人口总数的 12%,其中高风险范围内的人口数约为 8.4 万。

祖厉河流域 GDP 总值约为 144.8 亿元,其中 30 年一遇暴雨洪涝灾害风险区域内的 GDP 约为 22.3 亿元,占 GDP 总值的 15.4%,属于高风险范围内的 GDP 约为 12.4 亿元;50 年一遇风险区域内的 GDP 约为 28.3 亿元,占 GDP 总值 19.5%,属于高风险范围内的 GDP 约为 16 亿元。

3.28　宛川河流域

3.28.1　流域概况

宛川河是黄河的一级小型支流,发源于甘肃省临洮县泉头村,自东南向西北在兰州桑园峡注入黄河,流域面积 4007 m²。宛川河是一条季节性河流,以高崖、夏官营为界,分为上、中、下游三段,上游河道长 24 km,海拔在 2000 m 以上,雨量较丰沛;中游河道长 37 km,海拔在 1800 m 以上,中上游河道水流平顺,河槽归顺稳定;下游河道长 23 km,海拔在 1500～1800 m,多属黄土沟壑区,河槽宽浅、沙滩密布、主流摆动,是洪水泛滥的重灾区。

3.28.2 暴雨洪涝灾害风险区划图谱

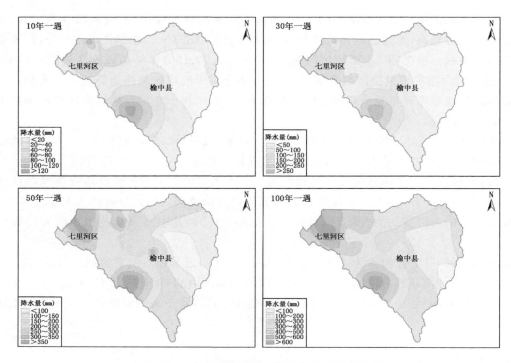

图 3-110 宛川河流域不同重现期面雨量分布图

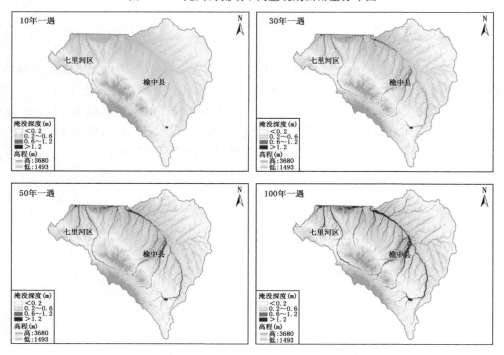

图 3-111 宛川河流域不同重现期风险区划图

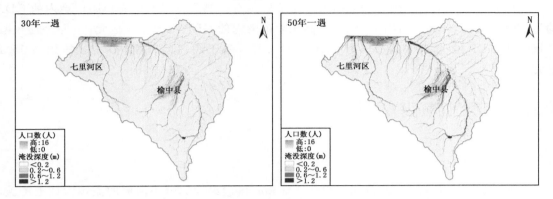

图 3-112 宛川河流域不同重现期风险评估——对人口的影响分布图

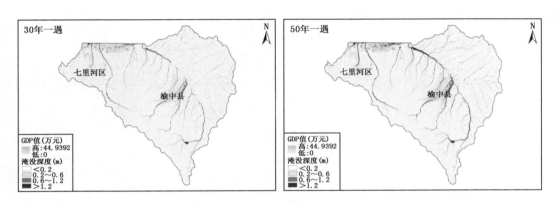

图 3-113 宛川河流域不同重现期风险评估——对 GDP 的影响分布图

3.28.3 风险分析

宛川河发源于甘肃省临洮县泉头村,自东南向西北流经榆中县和七里河区。宛川河下游多属黄土沟壑区,河槽宽浅、沙滩密布,是洪水泛滥的重灾区。宛川河流域地势西南高,中间低,东北略低,海拔 1493~3680 m,根据图 3-110 分析,流域降水量由南向北递减。根据图 3-111 宛川河流域 T(10、30、50、100)年一遇风险区划图可以看出,10 年一遇暴雨洪涝灾害风险区域范围较小,低风险和中风险居多,主要分布在流域西南。30 年、50 年和 100 年一遇风险区域范逐渐扩大,水流由西南部顺着地势向宛川河汇聚,流域风险区域主要集中在宛川河西南。

根据图 3-112、图 3-113 宛川河流域 T(30、50)年一遇洪水淹没水深对人口、GDP 的影响分布图可知,流域内人口密度和 GDP 密度较大,七里河区境内人口密度和 GDP 密度高于榆中县,但处于宛川河西南的榆中县是人口较多的地区。

经数据分析,宛川河流域内人口总数约为 115.3 万,30 年一遇暴雨洪涝灾害风险区域内的人口数约为 20.5 万,占人口总数的 18%,其中高风险范围内的人口数约为 8.9 万;50 年一遇风险范围内的人口数约为 29.1 万,占人口总数的 25%,其中高风险范围内的人口数约为 14.9 万。

　　宛川河流域 GDP 总值约为 144.7 亿元,其中 30 年一遇暴雨洪涝灾害风险区域内的 GDP 约为 20 亿元,占 GDP 总值的 14％,属于高风险范围内的 GDP 约为 9.6 亿元;50 年一遇风险区域内的 GDP 约为 28.3 亿元,占 GDP 总值 20％,属于高风险范围内的 GDP 约为 15.7 亿元。

3.29　黄河(临夏段)流域

3.29.1　流域概况

　　黄河(临夏段)流域流经临夏州境内达 103 km,区内绝大部分小河流的流域为黄土覆盖,植被稀疏,水土流失严重,河流含沙量大。

3.29.2　暴雨洪涝灾害风险区划图谱

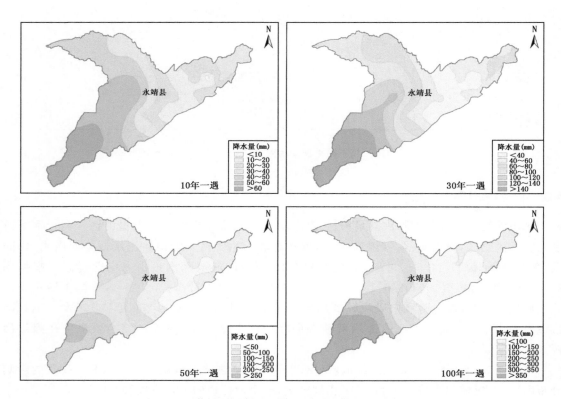

图 3-114　黄河(临夏段)流域不同重现期面雨量分布图

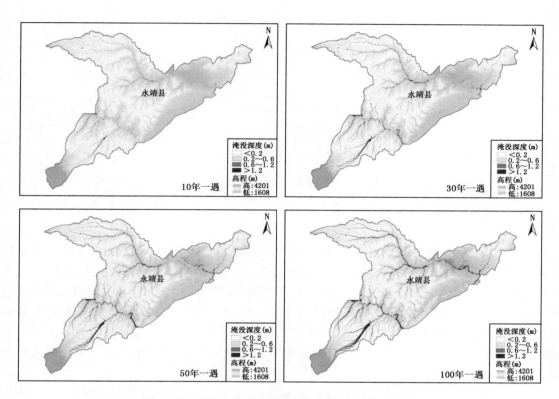

图 3-115　黄河(临夏段)流域不同重现期风险区划图

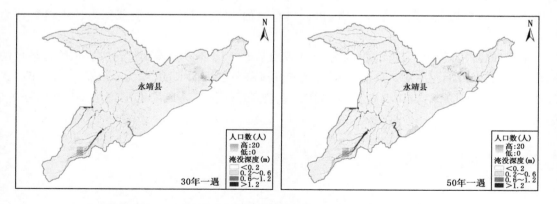

图 3-116　黄河(临夏段)流域不同重现期风险评估——对人口的影响分布图

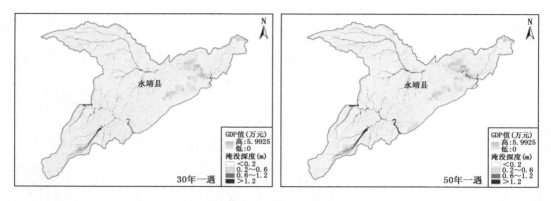

图 3-117　黄河(临夏段)流域不同重现期风险评估——对 GDP 的影响分布图

3.29.3　风险分析

黄河(临夏段)流域位于临夏回族自治州西部,流经永靖县南部和积石山保安族东乡族撒拉族自治县中部。流域海拔 1608～4201 m,根据图 3-114 分析,地势由西南向东北倾斜,降水量由西南向东北递减。根据图 3-115 黄河(临夏段)流域 T(10、30、50、100)年一遇风险区划图可以看出,10 年一遇暴雨洪涝灾害风险区域范围较小,积石山保安族东乡族撒拉族自治县地势起伏较大处较为明显,永靖县境内有小范围风险区域分布。随着暴雨洪涝灾害发生年限的增长,风险区域范围逐渐扩大,积石山保安族东乡族撒拉族自治县境内的范围较永靖县更明显。

根据图 3-116、图 3-117 黄河(临夏段)流域 T(30、50)年一遇洪水淹没水深对人口、GDP 的影响分布图可知,流域西南角和东北角人口密度和 GDP 密度较大。

经数据分析,黄河(临夏段)流域内人口总数约为 25.7 万,30 年一遇暴雨洪涝灾害风险区域内的人口数约为 2.9 万,占人口总数的 11%,其中高风险范围内的人口数约为 0.8 万;50 年一遇风险范围内的人口数约为 3.6 万,占人口总数的 14%,其中高风险范围内的人口数约为 1.3 万。

黄河(临夏段)流域 GDP 总值约为 16.8 亿元,其中 30 年一遇暴雨洪涝灾害风险区域内的 GDP 约为 1.3 亿元,占 GDP 总值的 8%,属于高风险范围内的 GDP 约为 0.3 亿元;50 年一遇风险区域内的 GDP 约为 1.7 亿元,占 GDP 总值 10%,属于高风险范围内的 GDP 约为 0.6 亿元。

3.30　黄河(白银段)流域

3.30.1　流域概况

黄河(白银段)流域流经白银市 258 km,占黄河甘肃段的 58%。但流域内绝大部分地区为黄土覆盖,植被稀疏,水土流失严重,河流含沙量大。年平均径流量 328 亿 m³,实测最大流量为 6100 m³/s。

3.30.2　暴雨洪涝灾害风险区划图谱

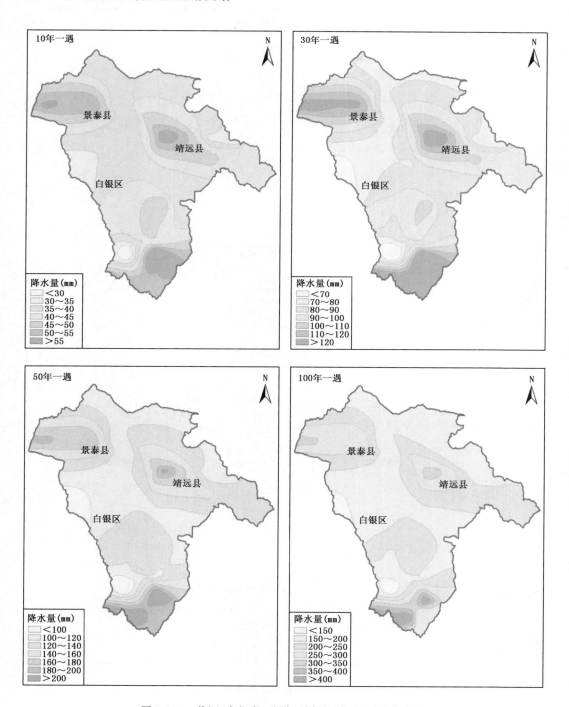

图 3-118　黄河（白银段）流域不同重现期面雨量分布图

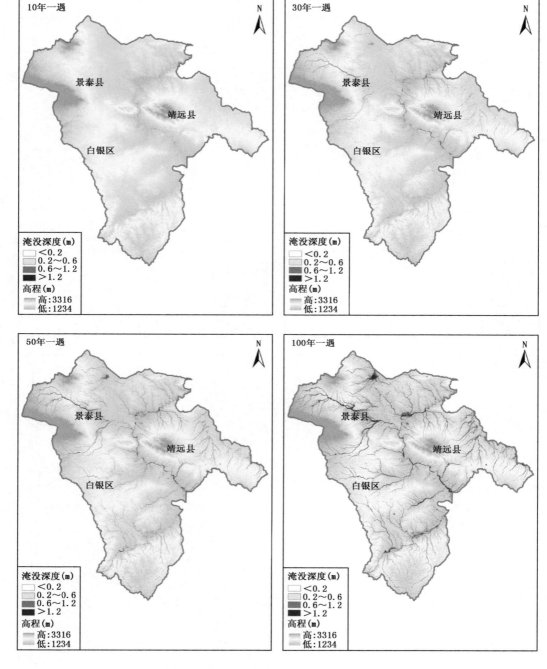

图 3-119　黄河(白银段)流域不同重现期风险区划图

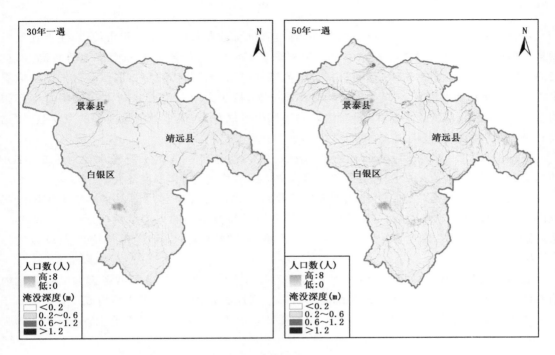

图 3-120　黄河(白银段)流域不同重现期风险评估——对人口的影响分布图

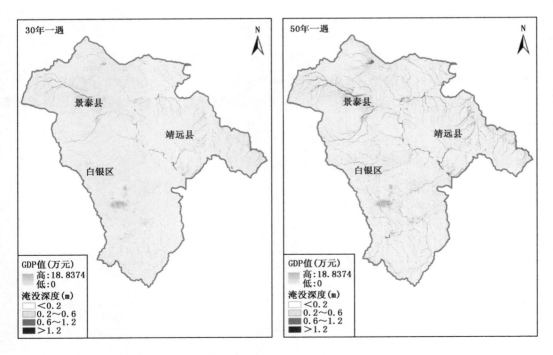

图 3-121　黄河(白银段)流域不同重现期风险评估——对 GDP 的影响分布图

3.30.3 风险分析

黄河(白银段)流域位于白银市西北部,有小部分流域在武威市和兰州市境内,主要流经景泰县、靖远县、平川区、白银区和榆中县。根据图 3-118 分析,流域西部和南部地势较高,海拔 1234～3316 m。根据图 3-119 黄河(白银段)流域 T(10、30、50、100)年一遇风险区划图可以看出,10 年一遇暴雨洪涝灾害风险区域仅有零星分布,极少连片。随着暴雨洪涝灾害发生年限的增长,风险区域范围逐渐扩大,整条流域均有风险区域分布,但地处流域西部的景泰县、靖远县和平川区风险区域范围更大,更明显。

根据图 3-120、图 3-121 黄河(白银段)流域 T(30、50)年一遇洪水淹没水深对人口、GDP 的影响分布图可知,流域所在景泰县和白银区内人口密度和 GDP 密度最大。

经数据分析,黄河(白银段)流域内人口总数约为 97.4 万,30 年一遇暴雨洪涝灾害风险区域内的人口数约为 8 万,占人口总数的 8%,其中高风险范围内的人口数约为 2.2 万;50 年一遇风险范围内的人口数约为 12.6 万,占人口总数的 13%,其中高风险范围内的人口数约为 4.3 万。

黄河(白银段)流域 GDP 总值约为 201.1 亿元,其中 30 年一遇暴雨洪涝灾害风险区域内的 GDP 约为 17.3 亿元,占 GDP 总值的 9%,属于高风险范围内的 GDP 约为 5.1 亿元;50 年一遇风险区域内的 GDP 约为 26.3 亿元,占 GDP 总值 13%,属于高风险范围内的 GDP 约为 9.3 亿元。

3.31 黄河(兰州段)流域

3.31.1 流域概况

黄河(兰州段)流域,坐落于一条东西向延伸的狭长形谷地,夹于南北两山之间,黄河在兰州市北的九州山脚下穿城而过。区内河长 45.5 km,两岸分布众多的山洪沟,流域内黄土覆盖,易发生稀性泥石流灾害。

3.31.2　暴雨洪涝灾害风险区划图谱

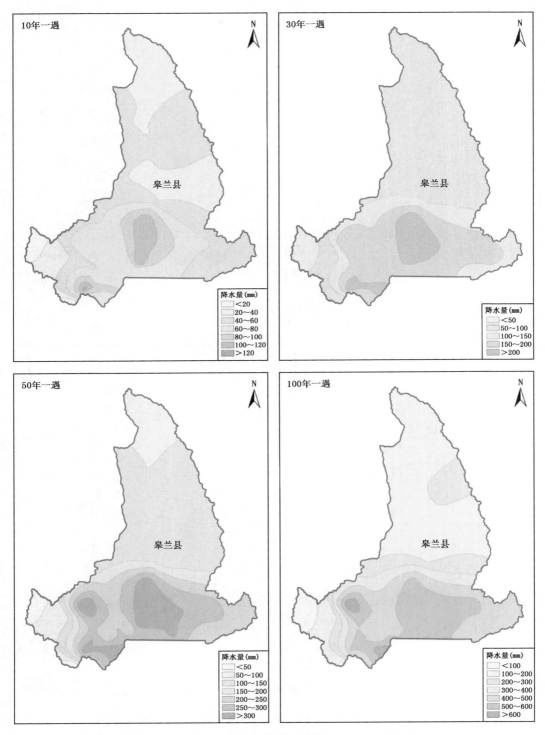

图 3-122　黄河(兰州段)流域不同重现期面雨量分布图

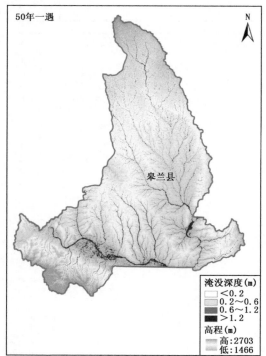
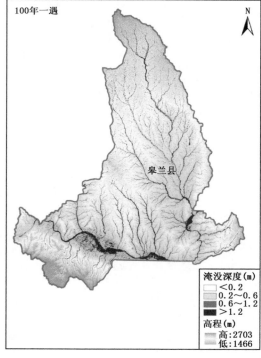

图 3-123　黄河(兰州段)流域不同重现期风险区划图

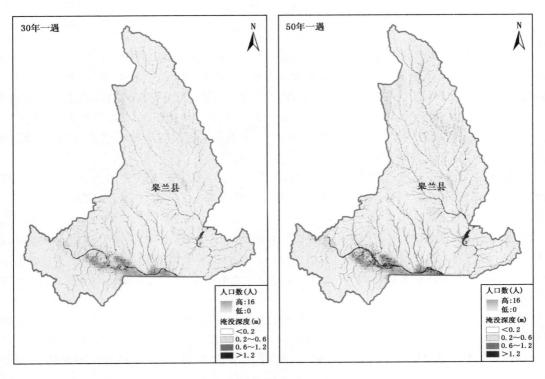

图 3-124　黄河(兰州段)流域不同重现期风险评估——对人口的影响分布图

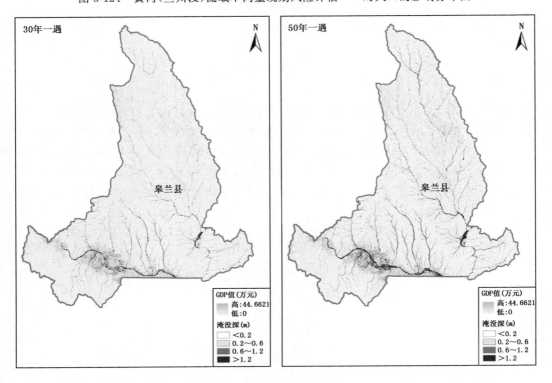

图 3-125　黄河(兰州段)流域不同重现期风险评估——对 GDP 的影响分布图

3.31.3 风险分析

黄河(兰州段)位于兰州市中部,流经西固区、安宁区、城关区、皋兰县。根据图 3-122 分析,流域北部和西南角地势较高,南部地势低,海拔 1466~2703 m。根据图 3-123 黄河(兰州段)流域 T(10、30、50、100)年一遇风险区划图可以看出,暴雨洪涝灾害风险区域主要集中在皋兰县南部,城关区、安宁区、西固区境内地势低洼处。10 年一遇风险区域范围较小,在城关区、安宁区和西固区境内有明显的低风险区域,随着暴雨洪涝灾害发生年限的增长,流域风险区域范围逐渐扩大,且高风险占主导地位。

根据图 3-124、图 3-125 黄河(兰州段)流域 T(30、50)年一遇洪水淹没水深对人口、GDP 的影响分布图可知,城关区、安宁区和西固区人口密度和 GDP 密度较大,风险区域范围也较大。

经数据分析,黄河(兰州段)流域内人口总数约为 129.3 万,30 年一遇暴雨洪涝灾害风险区域内的人口数约为 27.4 万,占人口总数的 21%,其中高风险范围内的人口数约为 12.3 万;50 年一遇风险范围内的人口数约为 38.8 万,占人口总数的 30%,其中高风险范围内的人口数约为 19.4 万。

黄河(兰州段)流域 GDP 总值约为 417.8 亿元,其中 30 年一遇暴雨洪涝灾害风险区域内的 GDP 约为 82.3 亿元,占 GDP 总值的 20%,属于高风险范围内的 GDP 约为 40.9 亿元;50 年一遇风险区域内的 GDP 约为 118.4 亿元,占 GDP 总值 28%,属于高风险范围内的 GDP 约为 65.6 亿元。

3.32 湟水(甘肃段)流域

3.32.1 流域概况

湟水干流发源于青海省大通山南麓,在兰州市红古区进入甘肃省,流经兰州市的红古区至达川汇入黄河。湟水是黄河上游较大的一级支流,位于青海省大通山、大坂山与拉脊山之间,发源于海晏县包忽图山。在民和县沙河湾村流出省境,在甘肃达川汇入黄河。干流在青海境内先后经海晏、湟源、湟中、西宁、互助、平安、乐都、民和 7 县 1 市。湟水干流河道长 373.9 km,其中在青海境内长 335.4 km。湟水民和水文站年平均流量 56.8 m³/s。以下图中仅展示湟水(甘肃段)流域概况。

3.32.2　暴雨洪涝灾害风险区划图谱

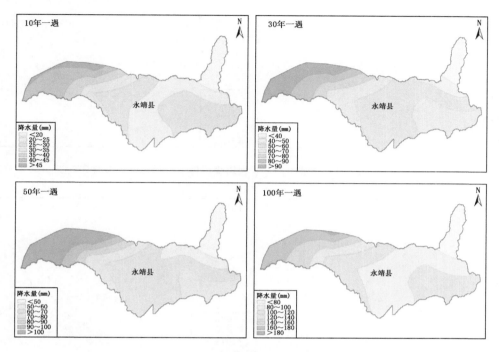

图 3-126　湟水（甘肃段）流域不同重现期面雨量分布图

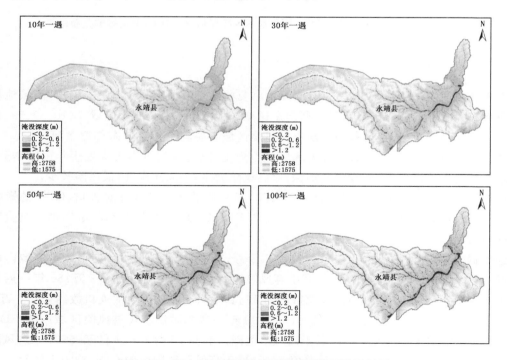

图 3-127　湟水（甘肃段）流域不同重现期风险区划图

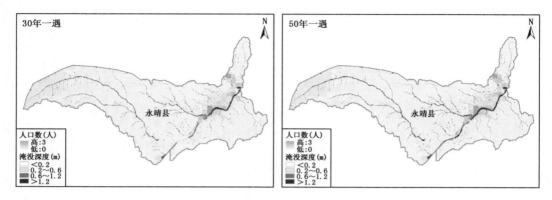

图 3-128　湟水(甘肃段)流域不同重现期风险评估——对人口的影响分布图

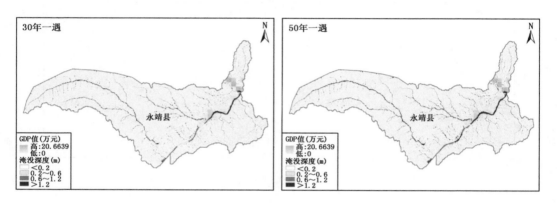

图 3-129　湟水(甘肃段)流域不同重现期风险评估——对 GDP 的影响分布图

3.32.3　风险分析

　　湟水甘肃段左岸为兰州市江古区,右岸为临夏州永靖县。根据图 3-126 分析,流域地势西部和东南部高,中部地区低,降水量自西向东递减。根据图 3-127 湟水流域 $T(10、30、50、100)$ 年一遇风险区划图可以看出,暴雨洪涝灾害风险区域主要集中在流域东部湟水河沿岸。10 年一遇风险区域范围较小,主要以低风险和中风险为主,随着暴雨洪涝灾害发生年限的增长,流域风险区域范围逐渐扩大,淹没深度加深,以高风险为主,中风险次之,低风险较少。

　　根据图 3-128、图 3-129 湟水流域 $T(30、50)$ 年一遇洪水淹没水深对人口、GDP 的影响分布图可知,流域内处于湟水沿岸地区人口密度和 GDP 密度较大,且湟水河沿岸也是风险区域范围的较大区域。

　　经数据分析,湟水流域内人口总数约为 6.5 万,30 年一遇暴雨洪涝灾害风险区域内的人口数约为 0.6 万,占人口总数的 9%,其中高风险范围内的人口数约为 0.3 万;50 年一遇风险范围内的人口数约为 0.7 万,占人口总数的 11%,其中高风险范围内的人口数约为 0.5 万。

　　湟水流域 GDP 总值约为 12.9 亿元,其中 30 年一遇暴雨洪涝灾害风险区域内的 GDP 约为 1.5 亿元,占 GDP 总值的 12%,属于高风险范围内的 GDP 约为 0.7 亿元;50 年一遇风险区域内的 GDP 约为 1.8 亿元,占 GDP 总值 14%,属于高风险范围内的 GDP 约为 1 亿元。

3.33　庄浪河流域

3.33.1　流域概况

庄浪河位于甘肃省永登县境内,属黄河干流水系,是黄河的一条重要支流,在河口达川乡附近汇入黄河。庄浪河发源于祁连山乌鞘岭东端的得尔山、抓卡尔山。庄浪河流域位于黄河中游左岸。北以雷公山、乌鞘岭、毛毛山与古浪河流域为界,东以大松山、小松山与腾格里沙漠为界,西以朱固大阪、黑刺山、马营山、马牙山与大通河流域为界。河源高程 4248 m,上游称金强河,由北向南东流,经扎龙掌、华藏寺,由天祝县界牌村入永登县境,行程 94.8 km,抵武胜驿,绕永登县城西下流至岗镇注入黄河,河口高程 1550 m。全长 184.8 km,河道比降 7.35‰～10.7‰。流域面积 4007 m²,年平均径流量 1.084 亿 m³,年输沙量 156.4 万 t。

3.33.2　暴雨洪涝灾害风险区划图谱

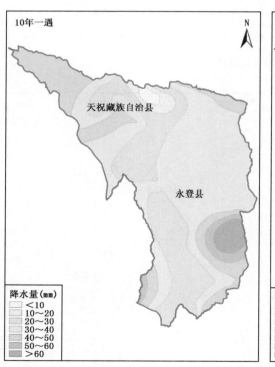

图 3-130 庄浪河流域不同重现期面雨量分布图

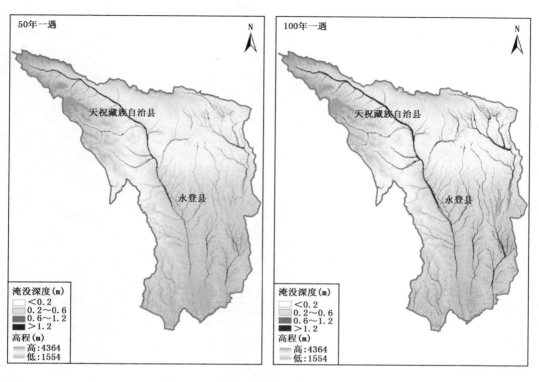

图 3-131　庄浪河流域不同重现期风险区划图

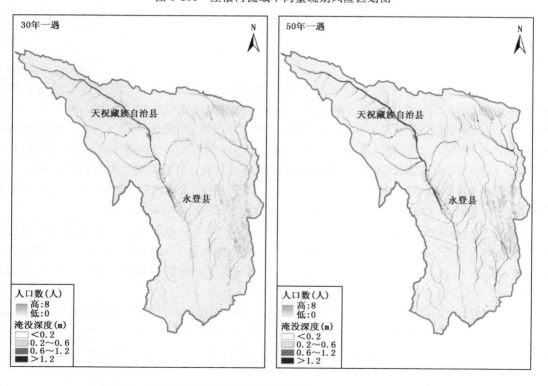

图 3-132　庄浪河流域不同重现期风险评估——对人口的影响分布图

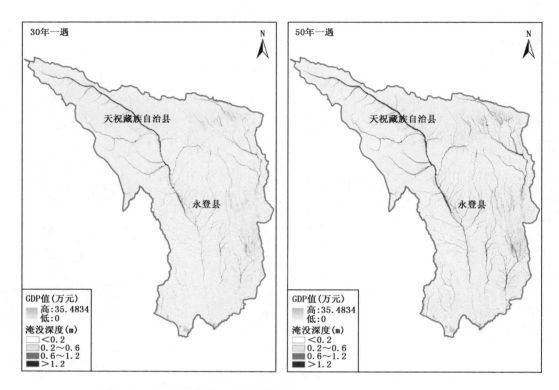

图 3-133　庄浪河流域不同重现期风险评估——对 GDP 的影响分布图

3.33.3　风险分析

庄浪河流域流经天祝藏族自治州南部和永登县东部。根据图 3-130 分析,流域地势由南向北倾斜,海拔为 1554～4364 m。根据图 3-131 庄浪河流域 $T(10、30、50、100)$ 年一遇风险区划图可以看出,水流由天祝藏族自治县沿庄浪河向永登县汇聚,流域风险区域主要集中在流域北部庄浪河沿岸和东部地势低洼处。10 年一遇暴雨洪涝灾害主要分布在天祝藏族自治县境内,30 年、50 年及 100 年一遇风险区域逐渐由天祝藏族自治县向永登县发展,并以高风险为主。

根据图 3-132、图 3-133 庄浪河流域 $T(30、50)$ 年一遇洪水淹没水深对人口、GDP 的影响分布图可知,流域内庄浪河沿岸和永登县东部人口密度和 GDP 密度较大。

经数据分析,庄浪河流域内人口总数约为 58.1 万,30 年一遇暴雨洪涝灾害风险区域内的人口数约为 7.7 万,占人口总数的 13%,其中高风险范围内的人口数约为 2.9 万;50 年一遇风险范围内的人口数约为 10.8 万,占人口总数的 19%,其中高风险范围内的人口数约为 4.7 万。

庄浪河流域 GDP 总值约为 82.8 亿元,其中 30 年一遇暴雨洪涝灾害风险区域内的 GDP 约为 10.7 亿元,占 GDP 总值的 13%,属于高风险范围内的 GDP 约为 3.9 亿元;50 年一遇风险区域内的 GDP 约为 15.4 亿元,占 GDP 总值 19%,属于高风险范围内的 GDP 约为 6.6 亿元。

3.34 大通河(甘肃段)流域

3.34.1 流域概况

大通河又称浩门河,系黄河流域湟水水系的一级支流,发源于祁连山脉东段托来南山和大通山之间的沙果林那穆吉木岭,从西北向东南流经青海刚察、祁连、海晏等县,至甘肃天祝县天堂寺进入甘肃境内,经永登县、兰州红古区再转入青海民和县享堂镇汇入湟水。流域面积15130 km²,河流全长 560.7 km,河道平均降比为 5‰,流域呈狭长分布,地形西北高、东南低,山脉海拔大部在 4500 m 左右。大通河连城站年平均流量 28.2 亿 m³,享堂水文站年平均径流量 29.3 亿 m³。以下图中仅展示大通河(甘肃段)流域概况。

3.34.2 暴雨洪涝灾害风险区划图谱

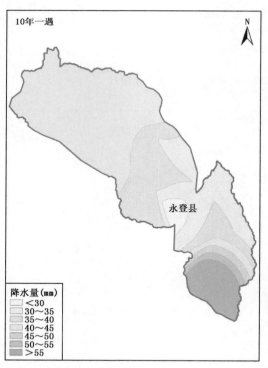
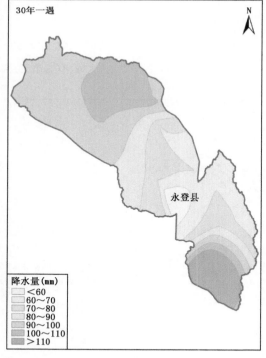

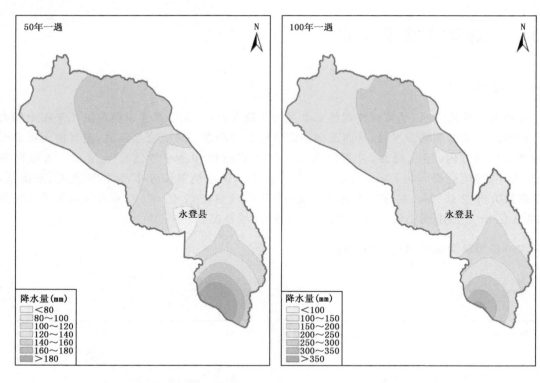

图 3-134　大通河(甘肃段)流域不同重现期面雨量分布图

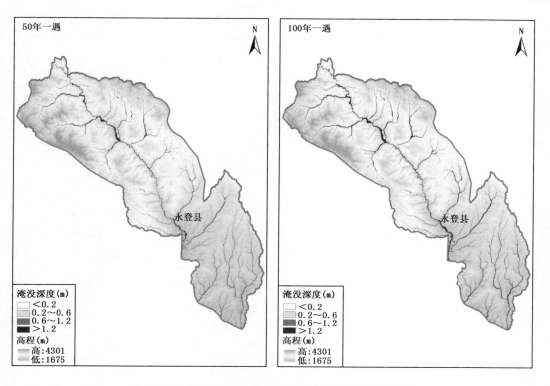

图 3-135　大通河（甘肃段）流域不同重现期风险区划图

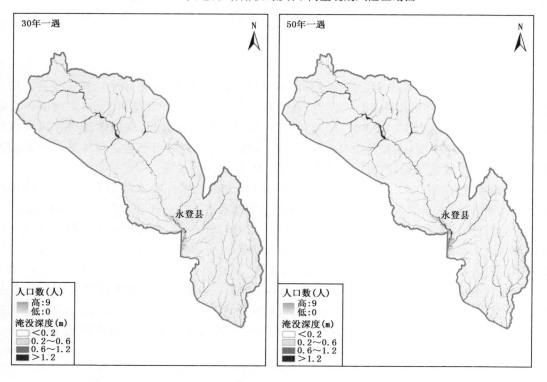

图 3-136　大通河（甘肃段）流域不同重现期风险评估——对人口的影响分布图

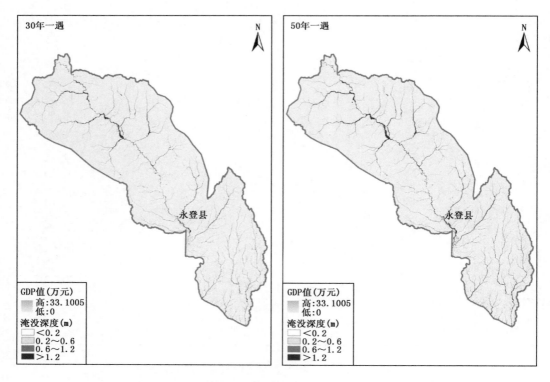

图 3-137　大通河(甘肃段)流域不同重现期风险评估——对 GDP 的影响分布图

3.34.3　风险分析

大通河流域位于武威市和兰州市与青海省交界处,流经天祝藏族自治县和永登县。流域海拔 1675～4301 m。根据图 3-134 分析,地势西北高,南边低,降水量西北少,东南多。根据图 3-135 大通河流域 $T(10、30、50、100)$ 年一遇风险区划图可以看出,暴雨洪涝灾害风险区域由西北逐渐向东南发展,主要集中在流域西北部大通河沿岸和东南部地势低洼处。随着暴雨洪涝灾害发生年限的增长,风险区域范围逐渐扩大,淹没深度加深。

根据图 3-136、图 3-137 大通河流域 $T(30、50)$ 年一遇洪水淹没水深对人口、GDP 的影响分布图可知,流域东北部人口较密集,永登县境内西部地区人口密度和 GDP 密度均较大。

经数据分析,大通河流域内人口总数约为 13.2 万,30 年一遇暴雨洪涝灾害风险区域内的人口数约为 1.2 万,占人口总数的 9%,其中高风险范围内的人口数约为 0.6 万;50 年一遇风险范围内的人口数约为 1.6 万,占人口总数的 12%,其中高风险范围内的人口数约为 0.8 万。

大通河流域 GDP 总值约为 16.5 亿元,其中 30 年一遇暴雨洪涝灾害风险区域内的 GDP 约为 1.6 亿元,占 GDP 总值的 10%,属于高风险范围内的 GDP 约为 0.7 亿元;50 年一遇风险区域内的 GDP 约为 2.3 亿元,占 GDP 总值 14%,属于高风险范围内的 GDP 约为 1.1 亿元。

3.35　石羊河流域

3.35.1　流域概况

石羊河是甘肃省河西走廊内流水系的第三大河,发源于祁连山脉东段乌鞘岭至冷龙岭北侧的大雪山,河长 250 km,全水系自东而西,主要支流有大靖河、古浪河、黄羊河、金塔河、西营河、东大河及西大河等。河系以雨水补给为主,兼有冰雪融水成分,年平均径流量 15.91 亿 m³。上游祁连山区降水丰富,有 64.8 km² 冰川和残留林木,是河水源补给地。中游流经走廊平地,形成武威和永昌等绿洲,灌溉农业发达。下游是民勤绿洲,终端湖如白亭海及青土湖等近期均已消失。全流域建成 100 万 m³ 以上水库 15 座,其中以大靖峡、黄羊河、南营、西马湖、红崖山及金川峡等水库较大。

3.35.2　暴雨洪涝灾害风险区划图谱

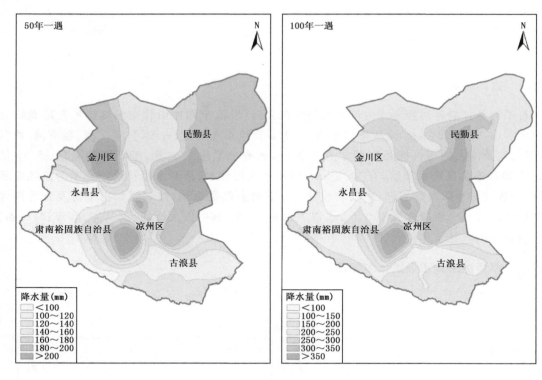

图 3-138　石羊河流域不同重现期面雨量分布图

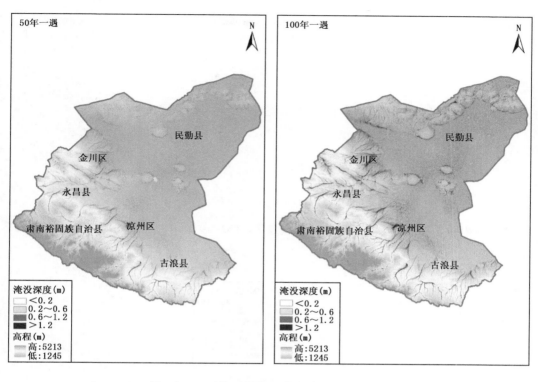

图 3-139　石羊河流域不同重现期风险区划图

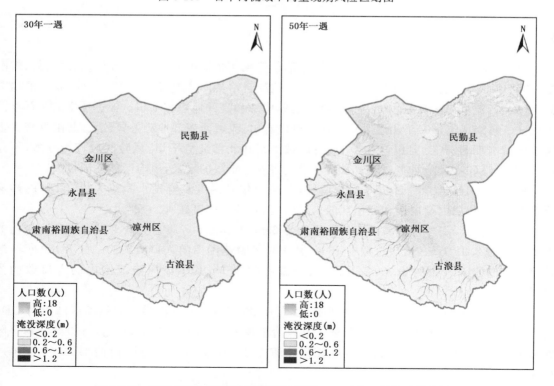

图 3-140　石羊河流域不同重现期风险评估——对人口的影响分布图

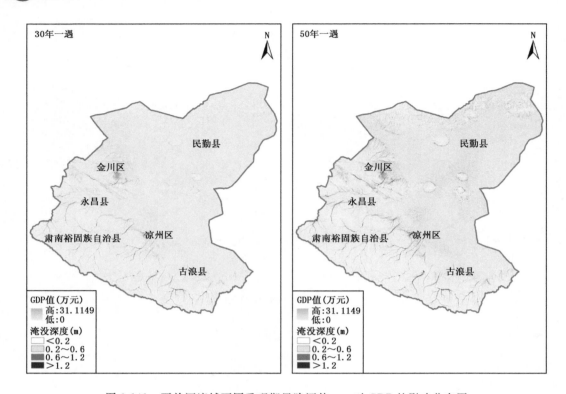

图 3-141　石羊河流域不同重现期风险评估——对 GDP 的影响分布图

3.35.3　风险分析

石羊河流域位于金昌市和武威市,有小部分流域在张掖市境内,流经金川区、永昌县、肃南裕固族自治县、民勤县、凉州区、古浪县和天祝藏族自治县。流域海拔 1245～5213 m。根据图 3-138 分析,流域海拔高差较大,西南地势较高,中部和南部地势较平坦。根据图 3-139 石羊河流域 T(10、30、50、100)年一遇风险区划图可以看出,流域西南部地势差异较大,暴雨洪涝灾害风险区域有明显分布,且以高风险为主;流域中部和北部地势平坦,风险区域较为分散,不连片,且低风险和中风险居多。随着暴雨洪涝灾害发生年限的增长,风险区域逐渐扩大。

根据图 3-140、图 3-141 石羊河流域 T(30、50)年一遇洪水淹没水深对人口、GDP 的影响分布图可知,流域内金川区和凉州区的人口密度和 GDP 密度较大。

经数据分析,石羊河流域内人口总数约为 22.2 万,30 年一遇暴雨洪涝灾害风险区域内的人口数约为 2.91 万,占人口总数的 13%,其中高风险范围内的人口数约为 7.3 万;50 年一遇风险范围内的人口数约为 4.62 万,占人口总数的 21%,其中高风险范围内的人口数约为 14.3 万。

石羊河流域 GDP 总值约为 476.9 亿元,其中 30 年一遇暴雨洪涝灾害风险区域内的 GDP 约为 76 亿元,占 GDP 总值的 16%,属于高风险范围内的 GDP 约为 19.9 亿元;50 年一遇风险区域内的 GDP 约为 115.2 亿元,占 GDP 总值 24%,属于高风险范围内的 GDP 约为 36.8 亿元。

3.36　山丹河流域

3.36.1　流域概况

山丹河属于黑河支流,南北纵贯山丹县境。上游石崖河,源于祁连山冷龙岭西侧,北流至山丹军马场称马营河,花寨子以下潜流地下,至山丹县城南出露成泉,又汇流成山丹河并折向西北流,至张掖市北流入黑河,河长 128.7 km,流域面积 3222.6 km^2。年径流量为 0.86 亿 m^3,建有李桥和祁家店水库,是山丹县绿洲的主要水源。

3.36.2　暴雨洪涝灾害风险区划图谱

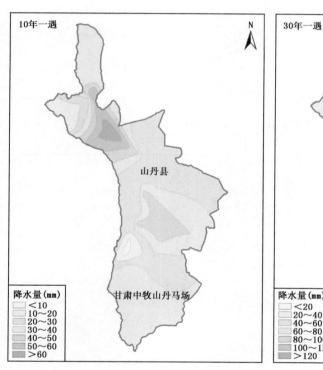

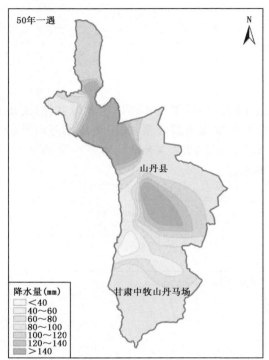

图 3-142 山丹河流域不同重现期面雨量分布图

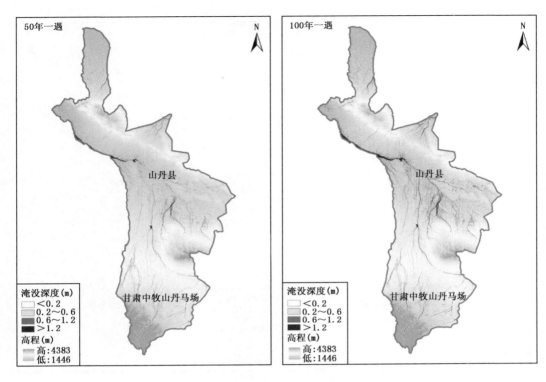

图 3-143　山丹河流域不同重现期风险区划图

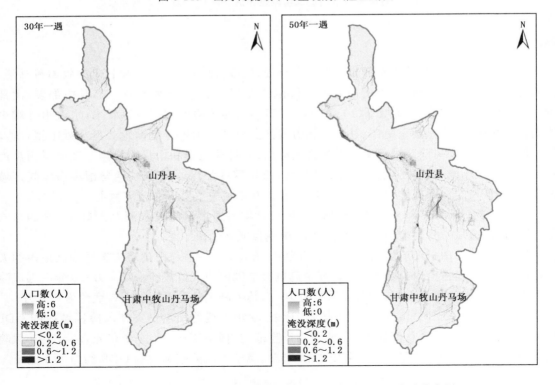

图 3-144　山丹河流域不同重现期风险评估——对人口的影响分布图

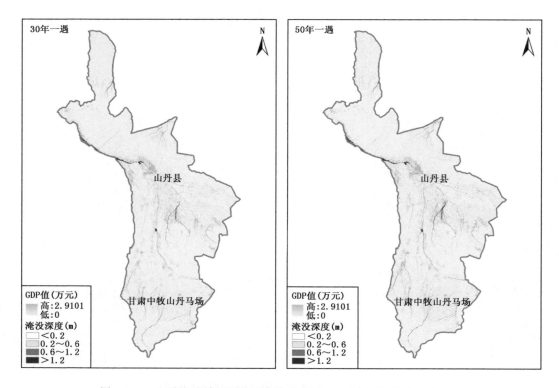

图 3-145 山丹河流域不同重现期风险评估——对 GDP 的影响分布图

3.36.3 风险分析

山丹河流域位于张掖市东部与金昌市交界处,流经甘州区、山丹县和甘肃中牧山丹马场。流域海拔 1446～4383 m,地势南高北低。根据图 3-142 可知,降水量西北部及中部多,南部少。根据图 3-143 山丹河流域 T(10、30、50、100)年一遇风险区划图可以看出,水流由甘肃中牧山丹马场南部、山丹县东南部、甘州区和山丹县交界处的山地分别向地势低洼处汇聚,所以流域暴雨洪涝灾害风险区域只集中在各县地势高、低过渡地带和山丹河沿岸。随着暴雨洪涝灾害发生年限的增长,洪涝风险区域逐渐扩大,淹没深度加深。10 年一遇暴雨洪涝风险区域范围小,以低风险和中风险居多,30 年、50 年及 100 年一遇主要以高风险为主。

根据图 3-144、图 3-145 山丹河流域 T(30、50)年一遇洪水淹没水深对人口、GDP 的影响分布图可知,流域山丹县境内人口密度和 GDP 密度较大。

经数据分析,山丹河流域内人口总数约为 21 万,30 年一遇暴雨洪涝灾害风险区域内的人口数约为 3.1 万,占人口总数的 15%,其中高风险范围内的人口数约为 0.8 万;50 年一遇风险范围内的人口数约为 3.4 万,占人口总数的 16%,其中高风险范围内的人口数约为 0.9 万。

山丹河流域 GDP 总值约为 30.2 亿元,其中 30 年一遇暴雨洪涝灾害风险区域内的 GDP 约为 4.3 亿元,占 GDP 总值的 14%,属于高风险范围内的 GDP 约为 1.1 亿元;50 年一遇风险区域内的 GDP 约为 4.6 亿元,占 GDP 总值 15%,属于高风险范围内的 GDP 约为 1.3 亿元。

3.37　黑河(甘肃段)流域

3.37.1　流域概况

黑河是甘肃省最大的内陆河,源于祁连山脉之走廊南山,东南流经走廊南山与托勒山之间,沿途接纳许多源于冰川脚下的小支流,至青海省祁连县黄藏寺,汇东南来的八宝河后,折向北流入甘肃省境,切穿走廊南山,出莺落峡,入河西走廊;再东北流至张掖市北部山丹河,转向西北,经临泽县有梨园河由南岸注入;再西北流过高台,出正义峡,过合黎山,经金塔县东,入内蒙古自治区额济纳旗。合黎山以北称弱水,亦称额济纳旗河。西北流至西湖新村以北,分为东西两河:西河名木林河,北流入居延海的西湖嘎顺诺尔;东河名纳林河,北流注居延海的东湖索果诺尔。

黑河河长 948 km,流域面积 14.29 万 km²,甘肃省境长 345 km,主要支流有山丹河、民乐洪水河、童子坝河、大都麻河、酥油河、梨园河、摆浪河、马营河、丰乐河、洪水坝河、托勒河等。黑河是张掖市、临泽县、高台县及下游金塔东部和内蒙古自治区额济纳旗绿洲等地城市工业、生活用水的主要水源。下文图中仅展示黑河(甘肃段)流域概况。

3.37.2　暴雨洪涝灾害风险区划图谱

图 3-146   黑河（甘肃段）流域不同重现期面雨量分布图

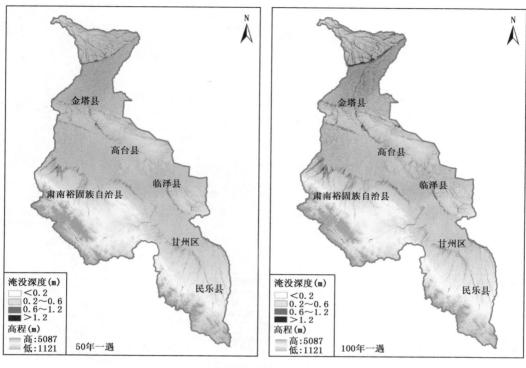

图 3-147　黑河（甘肃段）流域不同重现期风险区划图

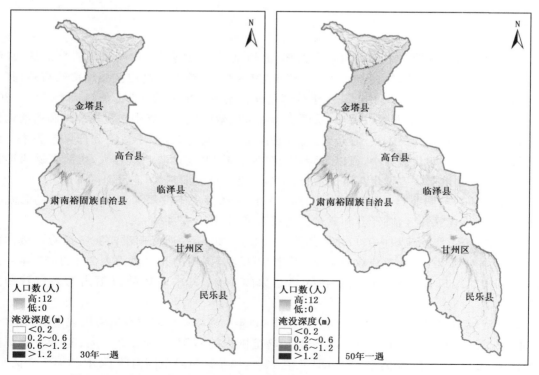

图 3-148　黑河（甘肃段）流域不同重现期风险评估——对人口的影响分布图

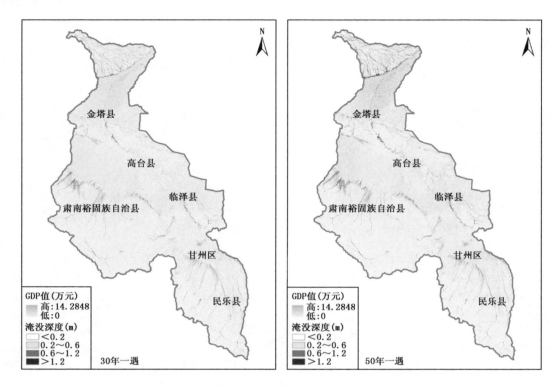

图 3-149　黑河(甘肃段)流域不同重现期风险评估——对 GDP 的影响分布图

3.37.3　风险分析

黑河流域位于张掖市中部和酒泉市西部,流经金塔县、高台县、肃南裕固族自治县、临泽县、甘州区和民乐县。流域海拔 1121～5087 m,高差较大,除西南高山区域地势较高外,其余地区地势平坦。由图 3-146 可知,降水量分部呈北多南少。根据图 3-147 黑河流域 T(10、30、50、100)年一遇风险区划图可以看出,暴雨洪涝灾害风险区域主要集中在流域北端和西南地势高、低过渡地区,具体为民乐县、甘州区、高台县及金塔县境内,且以中风险和低风险为主。由于流域东南部地势起伏差异小,所以风险区域较为分散;西南地势起伏较大,风险区域为连片分布。随着暴雨洪涝灾害发生年限的增长,洪涝风险区域逐渐扩大,淹没深度加深。

根据图 3-148、图 3-149 黑河流域 T(30、50)年一遇洪水淹没水深对人口、GDP 的影响分布图可知,流域内甘州区、临泽县和高台县人口密度和 GDP 密度较大。

经数据分析,黑河流域内人口总数约为 111.2 万,30 年一遇暴雨洪涝灾害风险区域内的人口数约为 13.5 万,占人口总数的 12%,其中高风险范围内的人口数约为 2.4 万;50 年一遇风险范围内的人口数约为 15.3 万,占人口总数的 14%,其中高风险范围内的人口数约为 3.1 万。

黑河流域 GDP 总值约为 182.3 亿元,其中 30 年一遇暴雨洪涝灾害风险区域内的 GDP 约为 24.5 亿元,占 GDP 总值的 13%,属于高风险范围内的 GDP 约为 5.2 亿元;50 年一遇风险区域内的 GDP 约为 29.8 亿元,占 GDP 总值 16%,属于高风险范围内的 GDP 约为 7.6 亿元。

3.38　北大河流域

3.38.1　流域概况

北大河又称讨赖河,发源于海拔 4160 km 的祁连山脉,河流全长 370 km,流经嘉峪关市,进入酒泉市区,最后流入金塔县鸳鸯水库汇入黑河。北大河是黑河水系一级支流,属降水、冰雪消融和地下水综合补给型河流。

3.38.2　暴雨洪涝灾害风险区划图谱

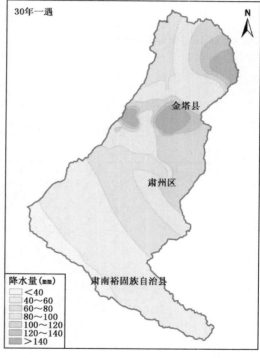

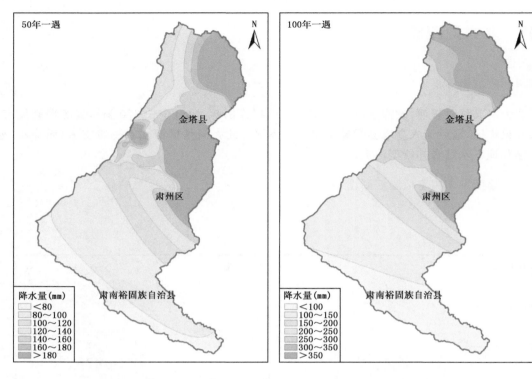

图 3-150　北大河流域不同重现期面雨量分布图

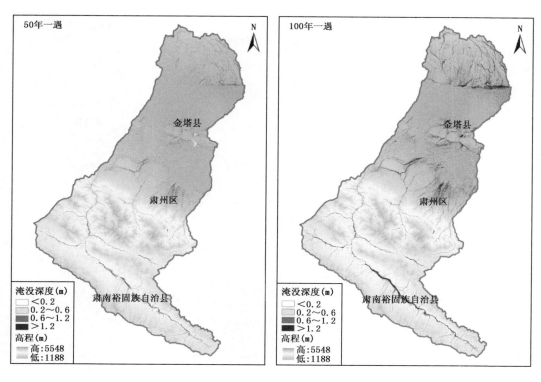

图 3-151　北大河流域不同重现期风险区划图

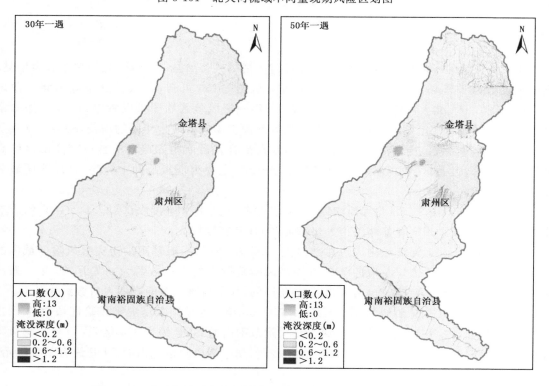

图 3-152　北大河流域不同重现期风险评估——对人口的影响分布图

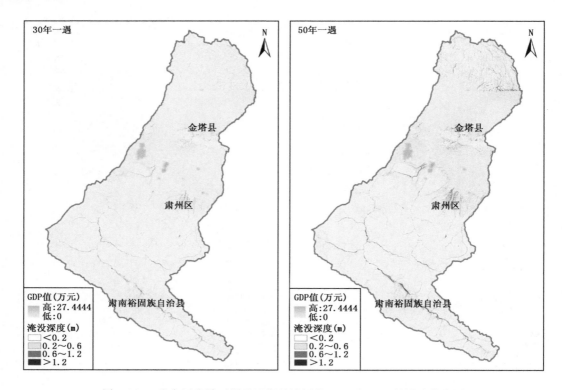

图 3-153　北大河流域不同重现期风险评估——对 GDP 的影响分布图

3.38.3　风险分析

北大河流域位于酒泉市和嘉峪关市,邻近肃南裕固族自治县、肃州区、嘉峪关市和金塔县。流域海拔 1188～5548 m,地势西南高,东北低。从图 3-150 可知,降水量分布呈东北多西南少。根据图 3-151 北大河流域 T(10、30、50、100)年一遇风险区划图可以看出,10 年一遇暴雨洪涝灾害风险无明显范围,只有零星分布。随着暴雨洪涝灾害发生年限的增长,30 年、50 年及 100 年一遇风险区域范围逐渐扩大,肃南裕固族自治县及肃南裕固族自治县以南高山地区高风险区域居多;肃州区、嘉峪关市和金塔县地势平坦,主要为低风险和中风险,且风险区域分散,连片较少。

根据图 3-152、图 3-153 北大河流域 T(30、50)年一遇洪水淹没水深对人口、GDP 的影响分布图可知,流域肃州区和嘉峪关市人口密度和 GDP 密度较大。

经数据分析,北大河流域内人口总数约为 69.7 万,30 年一遇暴雨洪涝灾害风险区域内的人口数约为 5.1 万,占人口总数的 7%,其中高风险范围内的人口数约为 0.7 万;50 年一遇风险范围内的人口数约为 9.2 万,占人口总数的 13%,其中高风险范围内的人口数约为 2 万。

北大河流域 GDP 总值约为 379.8 亿元,其中 30 年一遇暴雨洪涝灾害风险区域内的 GDP 约为 26.2 亿元,占 GDP 总值的 7%,属于高风险范围内的 GDP 约为 3.4 亿元;50 年一遇风险区域内的 GDP 约为 43.9 亿元,占 GDP 总值 12%,属于高风险范围内的 GDP 约为 9.1 亿元。

3.39　疏勒河流域

3.39.1　流域概况

　　疏勒河在甘肃省西北部,河西走廊西段。"疏勒"蒙古语为多水之意。源于祁连山区疏勒南山与讨赖南山之间的疏勒脑,西北流经沼泽地,汇高山积雪和冰川融水及山区降水,至花儿地折向北流入昌马盆地,称昌马河。出昌马盆地,过昌马峡入河西走廊冲积洪积平原。河道呈放射状,水流大量渗漏,成为潜流;至冲积扇前缘出露形成 10 道沟泉水河;诸河北流至布隆吉汇合为布隆吉河,亦称疏勒河。再西流经双塔水库,过安西,至敦煌市北,党河由南注入,再西流注入哈拉湖(又名黑海子,今名榆林泉)。

　　昌马水库以上祁连山区,河长 328 km,流域面积 1.1 万 km²,是径流的形成区,年平均径流量 8.39 亿 m³。昌马水库以下河西走廊地区,是径流的消失区,水流被引入灌区,是安西农业生产、城镇工业和人民生活用水的水源。

3.39.2　暴雨洪涝灾害风险区划图谱

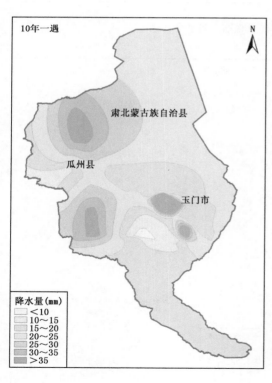
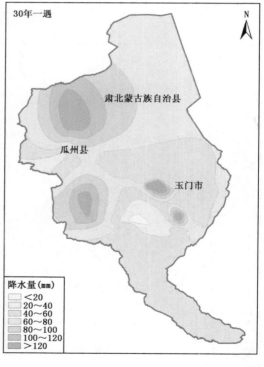

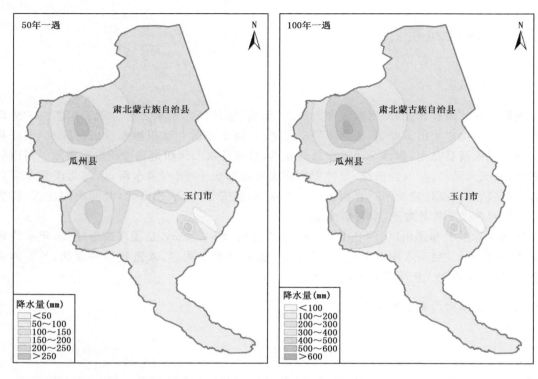

图 3-154　疏勒河流域不同重现期面雨量分布图

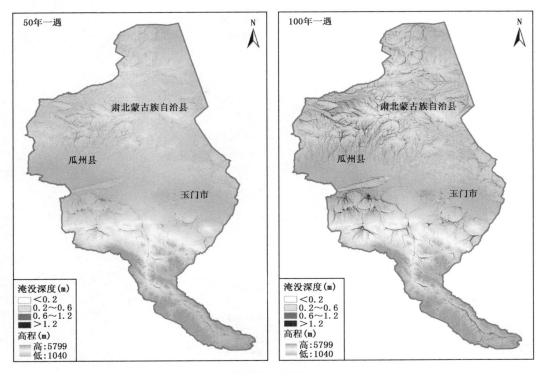

图 3-155 疏勒河流域不同重现期风险区划图

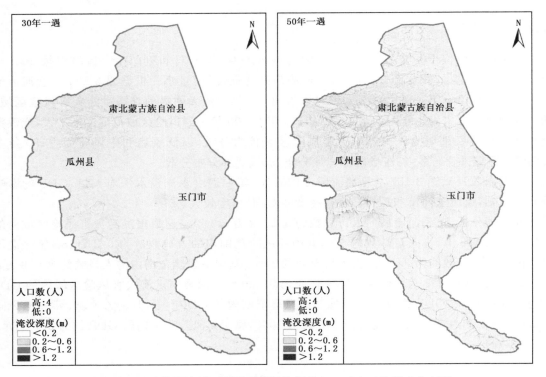

图 3-156 疏勒河流域不同重现期风险评估——对人口的影响分布图

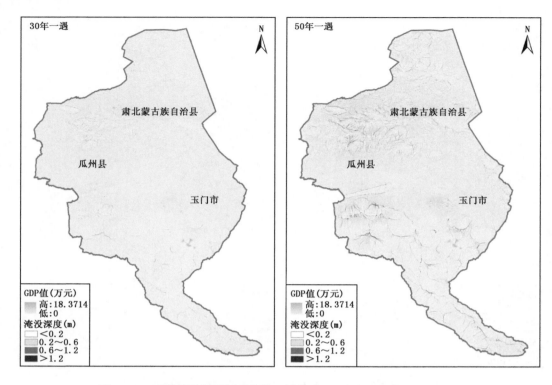

图 3-157　疏勒河流域不同重现期风险评估——对 GDP 的影响分布图

3.39.3　风险分析

　　疏勒河流域位于酒泉市,流经肃北蒙古族自治县、瓜州县和玉门市。流域海拔 1040～5799 m,高差较大。根据图 3-154 分析,地势南高北低,降雨量小。根据图 3-155 疏勒河流域 T(10、30、50、100)年一遇风险区划图可以看出,10 年一遇无明显的暴雨洪涝灾害风险区域。随着暴雨洪涝灾害发生年限的增长,30 年、50 年及 100 年一遇风险区域范围逐渐扩大,淹没深度加深。30 年一遇风险暴雨洪涝灾害风险区域较为分散,以低风险和中风险为主;50 年及 100 年一遇高风险居多,在流域南部连片分布,流域北部分布分散。

　　根据图 3-156、图 3-157 疏勒河流域 T(30、50)年一遇洪水淹没水深对人口、GDP 的影响分布图可知,流域玉门市和瓜州县人口密度和 GDP 密度较大。

　　经数据分析,疏勒河流域内人口总数约为 29.2 万,30 年一遇暴雨洪涝灾害风险区域内的人口数约为 1.8 万,占人口总数的 6%,其中高风险范围内的人口数约为 0.2 万;50 年一遇风险范围内的人口数约为 3.3 万,占人口总数的 11%,其中高风险范围内的人口数约为 0.8 万。

　　疏勒河流域 GDP 总值约为 171.4 亿元,其中 30 年一遇暴雨洪涝灾害风险区域内的 GDP 约为 9.5 亿元,占 GDP 总值的 6%,属于高风险范围内的 GDP 约为 1.3 亿元;50 年一遇风险区域内的 GDP 约为 17.5 亿元,占 GDP 总值 10%,属于高风险范围内的 GDP 约为 3.7 亿元。

3.40 党河流域

3.40.1 流域概况

党河源于肃北蒙古族自治县巴音泽尔肯乌拉和崩坤达坂,沿谷地西北流,在盐池湾汇合,再西北流,纳党河南山和野马南山间诸支流,至党城湾进入山前冲积洪积平原,再西北流,切穿鸣沙山,经党河水库,拐向东北,入敦煌绿洲,至敦煌市北注入疏勒河。全长 390 km,流域面积 16.97 km²,年平均径流量 2.89 亿 m³(沙枣园水文站)。山区冰川面积 232.66 km²,冰川储量 111.24 亿 m³,年融水量 1.23 亿 m³,系党河的主要补给水源,也是肃北和敦煌二县市工农业生产及人畜用水的可靠水源。

3.40.2 暴雨洪涝灾害风险区划图谱

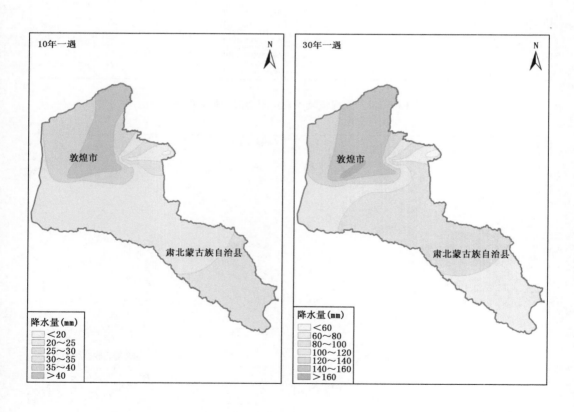

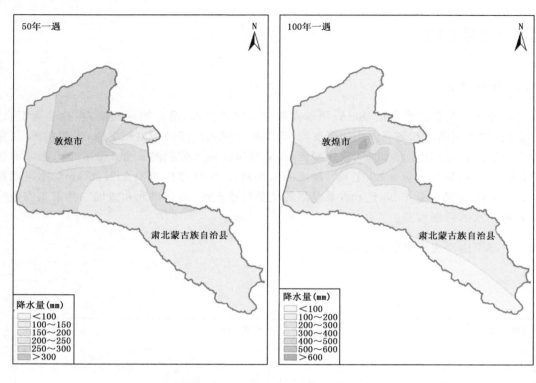

图 3-158　党河流域不同重现期面雨量分布图

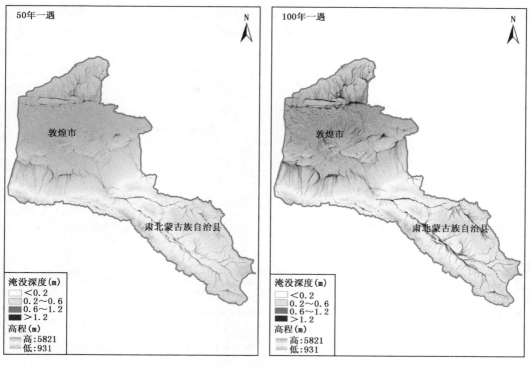

图 3-159　党河流域不同重现期风险区划图

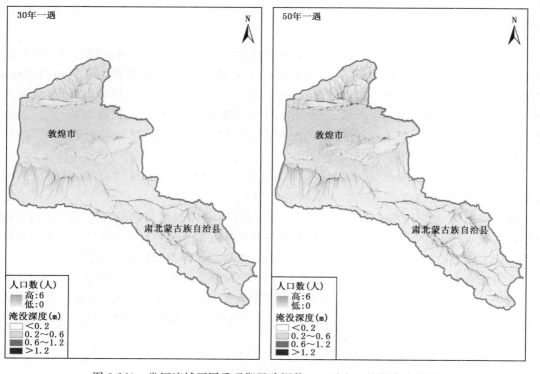

图 3-160　党河流域不同重现期风险评估——对人口的影响分布图

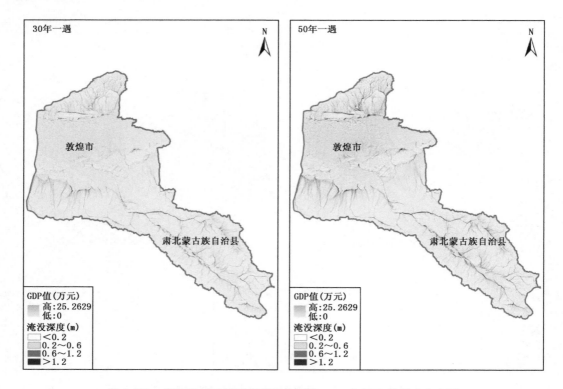

图 3-161　党河流域不同重现期风险评估——对 GDP 的影响分布图

3.40.3　风险分析

　　党河流域位于酒泉市西部,流经敦煌市和肃北蒙古族自治县,小部分流域位于阿克塞哈萨克族自治县。流域海拔 931～5821 m,高差大。根据图 3-158 分析,地势由东南向西北倾斜,降雨量小。根据图 3-159 党河流域 T(10、30、50、100)年一遇风险区划图可以看出,流域所在肃北蒙古族自治县境内地势差异大,暴雨洪涝灾害风险区域分布集中,以高风险为主;敦煌市境内地势平坦,风险区域分布分散,低风险和中风险居多。随着暴雨洪涝灾害发生年限的增长,风险区域范围逐渐扩大,淹没深度加深。

　　根据图 3-160、图 3-161 党河流域 T(30、50)年一遇洪水淹没水深对人口、GDP 的影响分布图可知,流域内敦煌市人口密度和 GDP 密度较大。

　　经数据分析,党河流域内人口总数约为 16.1 万,30 年一遇暴雨洪涝灾害风险区域内的人口数约为 2.4 万,占人口总数的 15%,其中高风险范围内的人口数约为 0.6 万;50 年一遇风险范围内的人口数约为 3.3 万,占人口总数的 20%,其中高风险范围内的人口数约为 1 万。

　　党河流域 GDP 总值约为 70.1 亿元,其中 30 年一遇暴雨洪涝灾害风险区域内的 GDP 约为 13 亿元,占 GDP 总值的 19%,属于高风险范围内的 GDP 约为 4 亿元;50 年一遇风险区域内的 GDP 约为 16.8 亿元,占 GDP 总值 24%,属于高风险范围内的 GDP 约为 5.8 亿元。

第 4 章　暴雨洪涝灾害风险区划图谱
——山洪沟

　　山洪是山丘小流域由降雨引起的突发性、暴涨暴落的地表径流,极易诱发泥石流、崩塌、滑坡等灾害。山洪灾害具有成灾快、破坏性强、预测预防难度大等特点,会给人口、社会、经济带来巨大损失。山洪灾害风险区划是指根据研究区山洪危险性特征,并参考区域承载能力及社会经济状况,把山洪灾害划分为不同风险等级的区域。将山洪灾害风险程度相近且成灾条件类似的地区划为同区,将洪灾风险程度不同,且灾害形成条件差异较大的地区划为不同区,以显示洪水灾害的空间变化特点及区域规律。

　　甘肃境内洪水灾害突发性、频发性强,洪峰来临时具有峰高量大、历时短等特点,对河岸冲刷作用非常突出。由于多年来河流缺乏系统的、完善的治理规划,加之管理薄弱,河道乱建、乱挖、乱弃现象严重,导致河道行洪断面减小,加剧了河岸冲刷,影响了河势稳定,破坏了河流生态。洪水暴涨暴落,河岸冲刷淘蚀坍塌,岸线后移,水土流失严重,致使河道两岸土地资源逐年递减,严重制约了甘肃省经济社会发展。

4.1　碧峰沟流域

4.1.1　流域概况

　　碧峰沟流域地处文县,位于白龙江流域,沟口位于东经 $105°14'25''$,北纬 $32°44'51''$,沟口位置海拔高度为 2082 m,流域面积为 40.53 km²。

4.1.2　暴雨洪涝灾害风险区划图谱

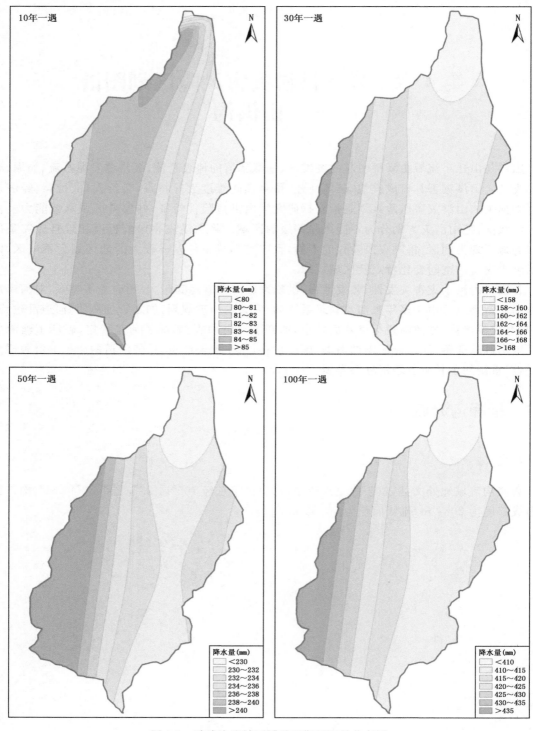

图 4-1　碧峰沟流域不同重现期面雨量分布图

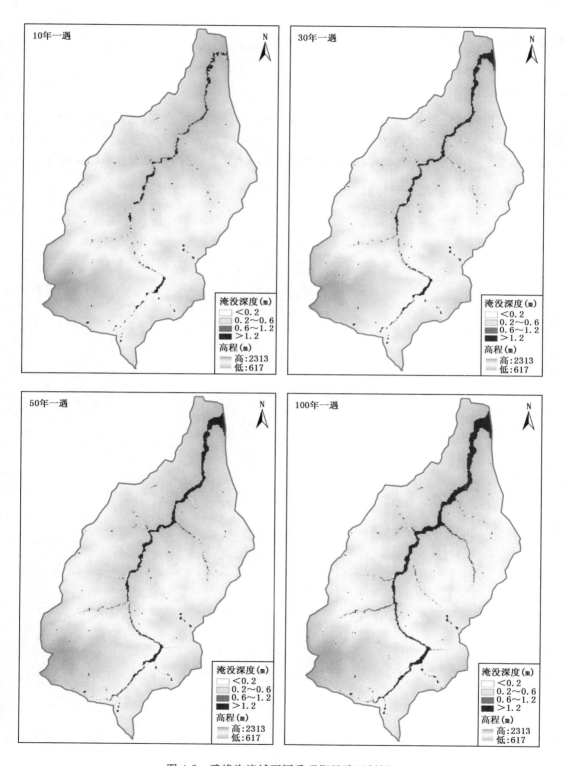

图 4-2　碧峰沟流域不同重现期风险区划图

4.2 关家沟流域

4.2.1 流域概况

关家沟流域地处文县,位于白龙江流域,沟口位于东经 104°40′00″,北纬 32°57′00″,沟口位置海拔高度为 933 m,流域面积为 39.07 km²,主沟长 10.2 km,平均沟道比降 11.3‰,东西长 5.23 km,南北宽 6.6 km,流域内地质、地理及气候环境复杂,是我国地质灾害严重地区之一。

4.2.2 暴雨洪涝灾害风险区划图谱

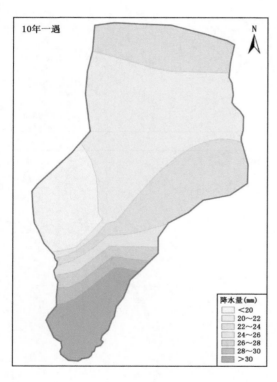
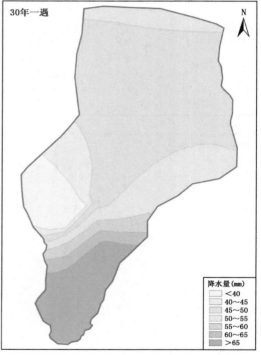

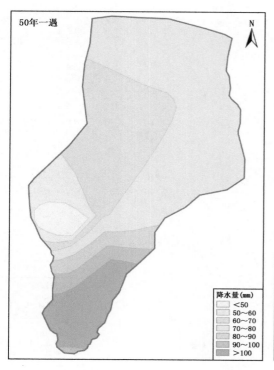
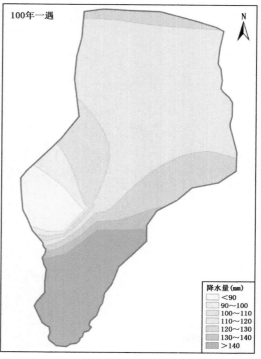

图 4-3　关家沟流域不同重现期面雨量分布图

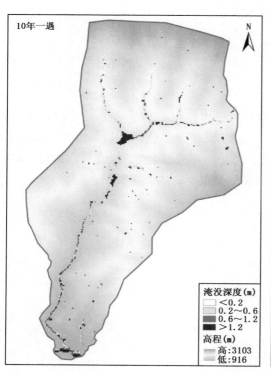
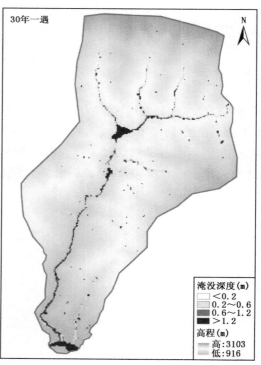

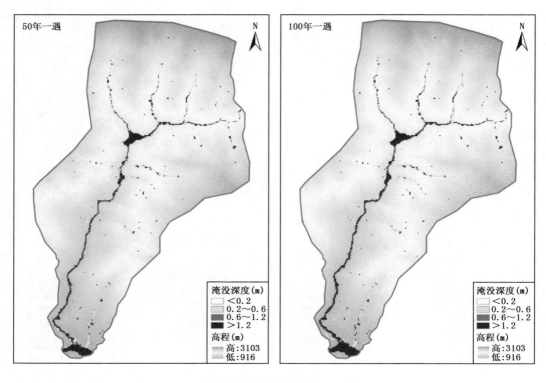

图 4-4　关家沟流域不同重现期风险区划图

4.3　北峪河流域

4.3.1　流域概况

北峪河流域地处武都区,位于白龙江流域,河口位于东经 $104°54'50''$,北纬 $33°23'41''$,河口位置海波高度为 1985 m,流域面积为 432 km²,河流长为 29 km,流域平均宽度为 9.8 km,平均沟道比降 18%,在武都区城关西南汇入白龙江。北峪河属季节性河流,流域内冰雹、暴雨频发,易形成洪水泥石流灾害,对武都城防及沿途人民生命财产造成严重威胁。

4.3.2　暴雨洪涝灾害风险区划图谱

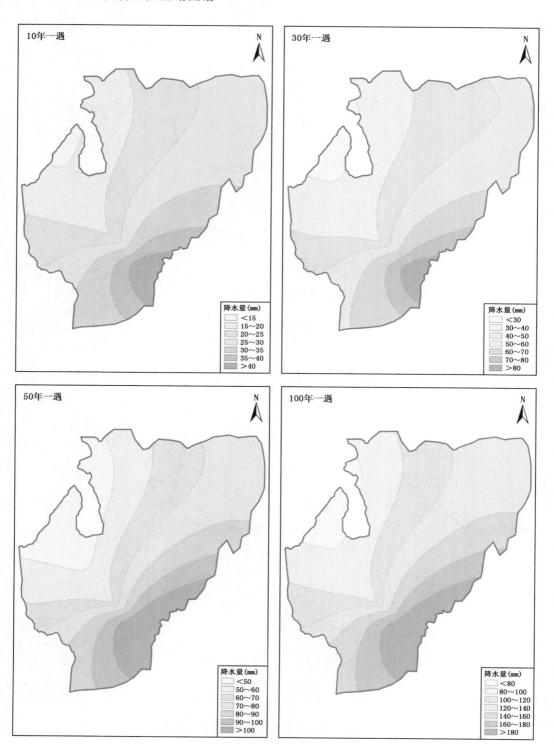

图 4-5　北峪河流域不同重现期面雨量分布图

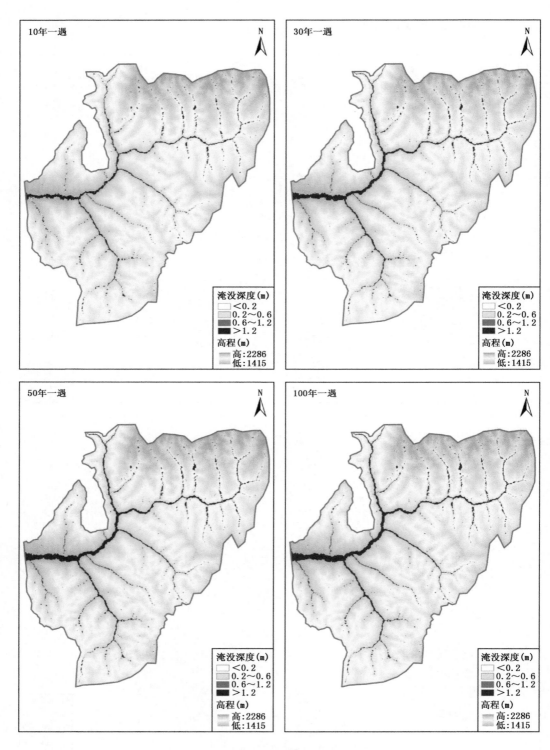

图 4-6　北峪河流域不同重现期风险区划图

4.4　郭家沟流域

4.4.1　流域概况

　　郭家沟流域地处武都区,位于白龙江流域,沟口位于东经 104°54′15″,北纬 33°23′52″,沟口位置海拔高度为 1544 m,流域面积 48.79 km²。

4.4.2　暴雨洪涝灾害风险区划图谱

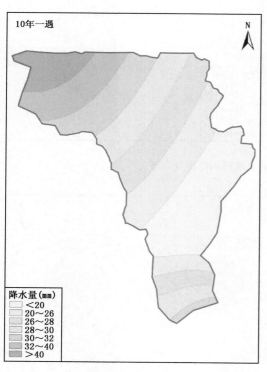
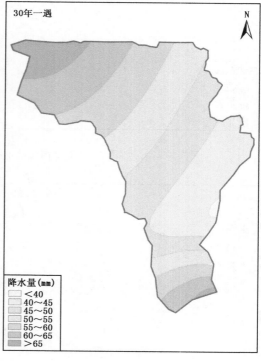

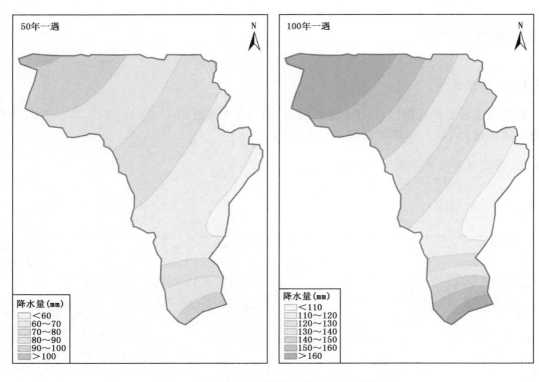

图 4-7　郭家沟流域不同重现期面雨量分布图

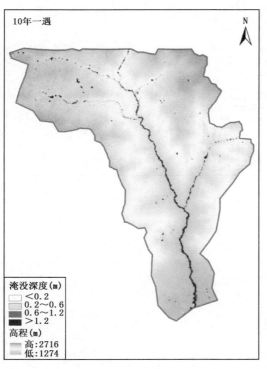

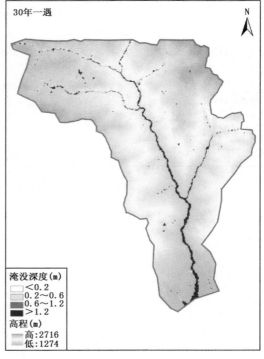

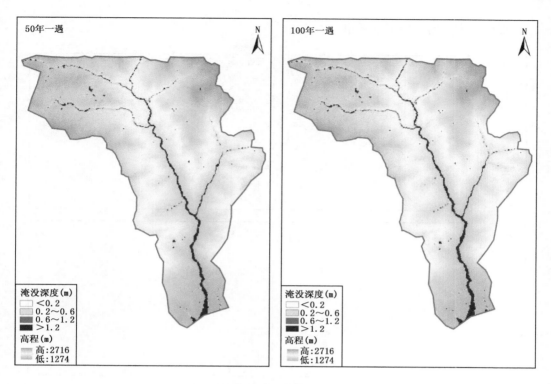

图 4-8　郭家沟流域不同重现期风险区划图

4.5　罗家峪沟流域

4.5.1　流域概况

　　罗家峪沟流域地处舟曲县,位于白龙江流域,沟口位于东经 104°22′30″,北纬 33°46′46″,沟口位置海拔高度为 1987 m,流域面积 15.13 km²,流域形态呈"瓢形",主沟长约 7.9 km,流域最高海拔 3794 m,出山口海拔 1320 m,相对高差达 2474 m。沟道比降 20%～30%,两侧沟坡在 35%～60%,部分地段为坡度大于 80%的悬崖峭壁。山高谷窄,沟坡陡峭,汇水面积大,为山洪泥石流提供了充足的水动力势能,极利于降雨在短期内迅速汇集,形成大规模山洪泥石流,对人们生命财产带来巨大损害。

4.5.2　暴雨洪涝灾害风险区划图谱

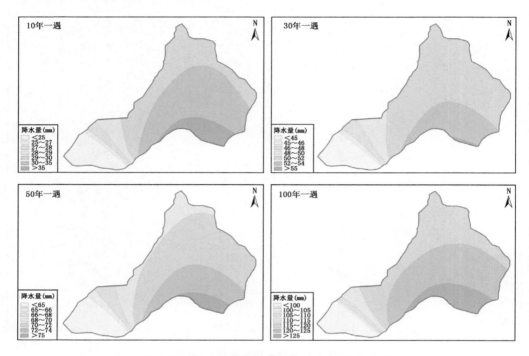

图 4-9　罗家峪沟流域不同重现期面雨量分布图

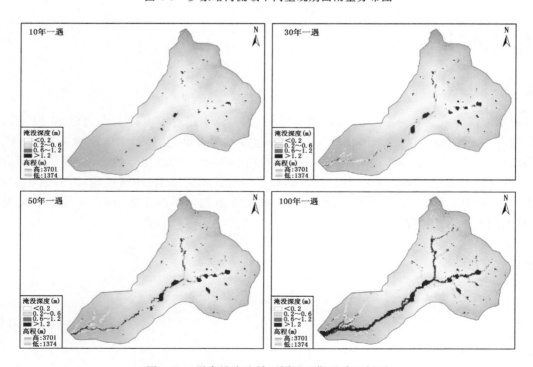

图 4-10　罗家峪沟流域不同重现期风险区划图

4.6　三眼峪沟流域

4.6.1　流域概况

　　三眼峪沟流域地处舟曲县,位于白龙江流域,沟口位于东经 104°22′09″,北纬 33°47′09″,沟口位置海拔高度为 2132 m,流域面积 24.27 km²,沟谷总体呈南北向分布,北高南低,东西宽 0.34~4.6 km,南北长约 7.6 km。三眼峪呈 Y 字型,由支沟大眼峪、小眼峪构成。大眼峪长 5.3 km,小眼峪长 3.6 km,主沟长 5.1 km,流域内共有大小支沟 59 条,沟壑密度 1.87 km/km²,最大相对高差 2488 m,主沟平均比降 24.1‰,沟谷两侧坡度在 42°~70°,多数地段大于 45°,极易形成山洪泥石流灾害。

4.6.2　暴雨洪涝灾害风险区划图谱

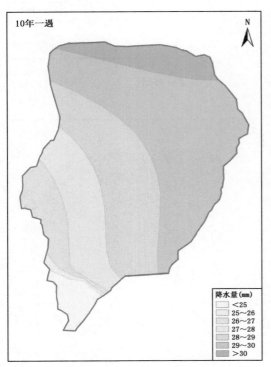

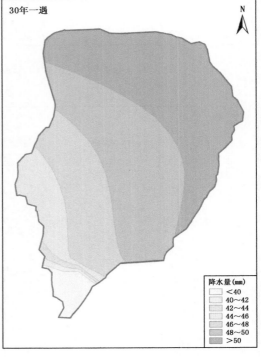

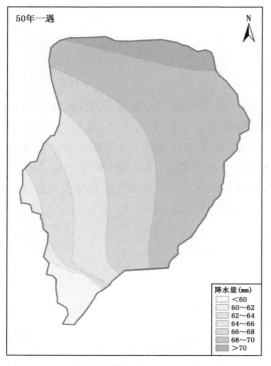
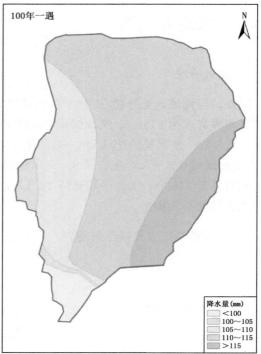

图 4-11　三眼峪沟流域不同重现期面雨量分布图

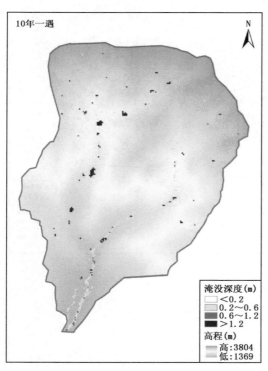
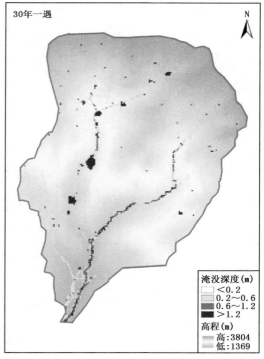

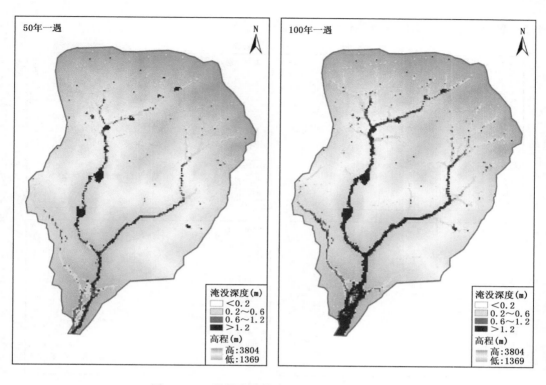

图 4-12　三眼峪沟流域不同重现期风险区划图

4.7　白家河流域

4.7.1　流域概况

白家河流域地处麦积区和秦州区,位于永宁河流域,沟口位于东经 106°09′46″,北纬 35°06′13″,沟口位置海拔高度为 1340 m,流域面积 814.42 km²。

4.7.2 暴雨洪涝灾害风险区划图谱

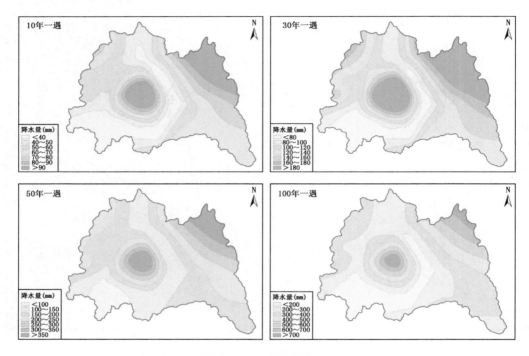

图 4-13　白家河流域不同重现期面雨量分布图

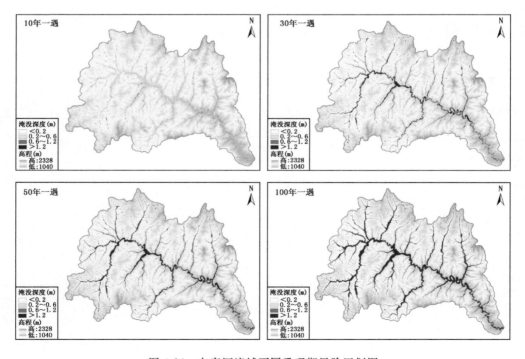

图 4-14　白家河流域不同重现期风险区划图

4.8 纳纳河流域

4.8.1 流域概况

纳纳河流域地处岷县,位于洮河流域,沟口位于东经 104°05′24″,北纬 34°29′20″,沟口位置海拔高度为 2613 m,流域面积 286.72 km²,河长约 28.3 km,干流平均坡降 20.1%。流域内山坡陡,植被覆盖较少,降水多以暴雨形式出现,且年际变化大,年内分布不均匀,是甘肃省山洪泥石流频发地区。

4.8.2 暴雨洪涝灾害风险区划图谱

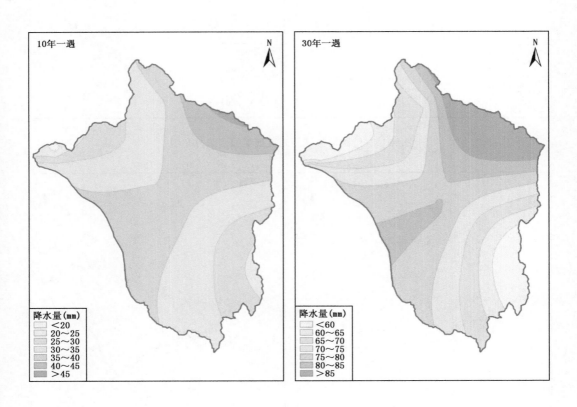

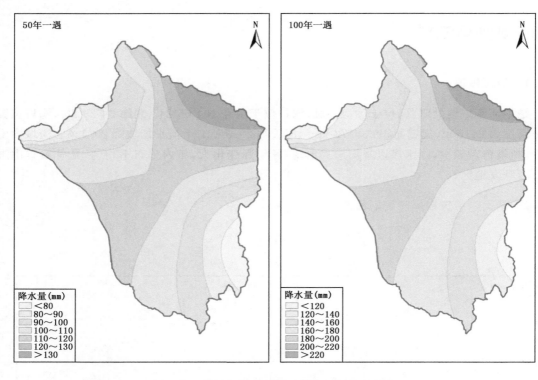

图 4-15 纳纳河流域不同重现期面雨量分布图

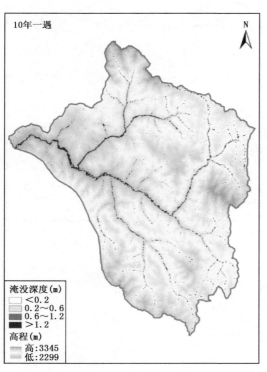
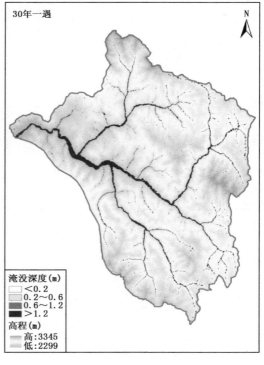

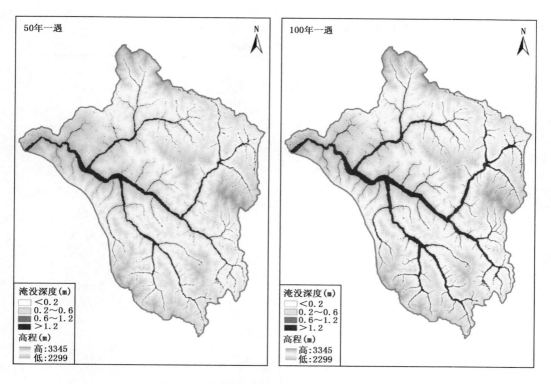

图 4-16 纳纳河流域不同重现期风险区划图

4.9 耳阳河流域

4.9.1 流域概况

耳阳河流域地处岷县,位于洮河流域,沟口位于东经 $104°05'25''$,北纬 $34°29'20''$,沟口位置海拔高度为 2598 m,流域面积 57.02 km²。

4.9.2 暴雨洪涝灾害风险区划图谱

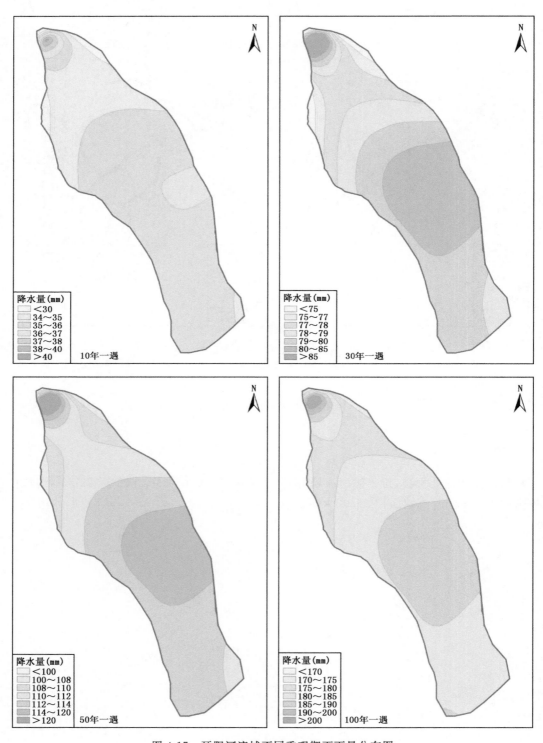

图 4-17 耳阳河流域不同重现期面雨量分布图

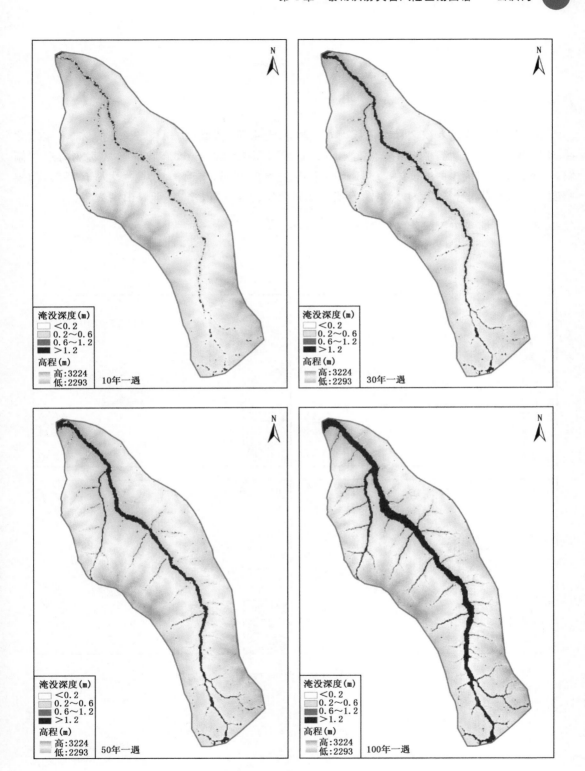

图 4-18　耳阳河流域不同重现期风险区划图

4.10　罗玉沟流域

4.10.1　流域概况

　　罗玉沟流域地处麦积区和秦州区,位于渭河(天水段)流域,沟口位于东经105°45′00″,北纬33°33′00″,沟口位置海拔高度为1169 m,流域面积72.26 km²,流域地形从西北向东南倾斜,沟系呈狭长羽状,主沟长约21.81 km,平均比降2.35％,支毛沟比降一般大于25％,沟壑密度3.54 km/km²,平均坡度18°。流域内暴雨突发性强,频次高,易形成山洪灾害。

4.10.2　暴雨洪涝灾害风险区划图谱

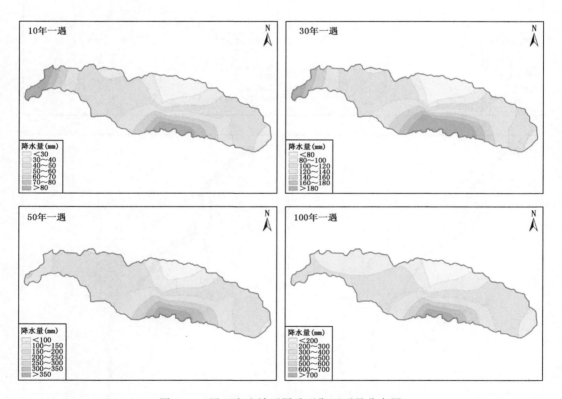

图 4-19　罗玉沟流域不同重现期面雨量分布图

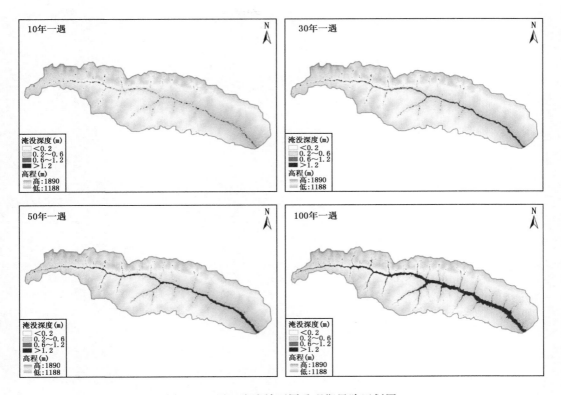

图 4-20　罗玉沟流域不同重现期风险区划图